CATERPILLAR
325C
CAT

Verlag Podszun-Motorbücher GmbH
Elisabethstraße 23-25, D-59929 Brilon
Internet: www.podszun-verlag.de
Email: info@podszun-verlag.de

Herstellung Druckhaus Cramer, Greven

ISBN 3-86133-398-8

Titelfotos: Heinz-Herbert Cohrs und Rainer Oberdrevermann

Jahrbuch 2006 Baumaschinen

PODSZUN

Liebe Leserin, lieber Leser!

Zum sechsten Mal erscheint das Jahrbuch Baumaschinen, und wir freuen uns sehr, Ihnen wieder interessante Themen anbieten zu können. Dank gilt an dieser Stelle allen Autoren und Bildgebern, die in den letzten Wochen und Monaten für das Jahrbuch im Einsatz waren. Dank aber auch Ihnen, liebe Leserin, lieber Leser, für die Zuschriften, Emails und Telefonate. Wir nehmen Ihre Kritik und Anregungen gerne entgegen und bemühen uns, auf Ihre Wünsche einzugegen. Ein technischer Hinweis: Namentlich gekennzeichnet sind lediglich Abbildungen, die nicht von den jeweiligen Verfassern der Artikel stammen.

Ihnen, liebe Leserin, lieber Leser, wünschen wir viel Vergnügen mit dem Jahrbuch. Das nächste Jahrbuch, die Ausgabe 2007, ist im Oktober 2006 erhältlich. Falls Sie selbst einmal für das Jahrbuch zur Feder greifen möchten oder seltenes Bildmaterial zur Verfügung stellen können, schreiben Sie uns bitte an untenstehende Adresse. Wir freuen uns auf den Kontakt mit Ihnen.

Ihr Redaktionsteam "Jahrbuch Baumaschinen"

P.S.

Sie können das Jahrbuch Baumaschinen in Buchhandlungen oder direkt beim Verlag auch abonnieren. Die erste Ausgabe, das Jahrbuch 2001, ist vergriffen, die Ausgaben 2002, 2003, 2004 und 2005 sind noch lieferbar. Fordern Sie unser kostenloses Gesamtverzeichnis an mit Büchern über Baumaschinen, Lastwagen, Autos, Lokomotiven, Motorräder, Traktoren und Feuerwehrfahrzeuge:

Verlag Podszun-Motorbücher, Elisabethstraße 23-25, D-59929 Brilon, Fax 02961/2508
Email: info@podszun-verlag.de, Internet: www.podszun-verlag.de

Gummiraupenlader

Geburtstunde einer neuen Baumaschinenart

von Heinz-Herbert Cohrs

Längst sind die Baumaschinen in feste Kategorien aufgeteilt. Ob bei Vorbildern oder Modellen, bei Einsätzen oder Herstellern, alle unterscheiden zwischen Baggern und Radladern, zwischen Kranen und Walzen, zwischen Gradern und Planierraupen. Nur allzu leicht kann aufgrund dieser „Schubladen" das plötzliche Entstehen einer neuen Baumaschinengattung übersehen werden...

Die weitaus ältesten Maschinen für Bauarbeiten sind Schwimmbagger und Tretradkrane, die ältesten maschinell angetriebenen mit immerhin fast 170-jähriger Geschichte sind Seilbagger, dann folgen Walzen, Grader, Scraper, Planier- und Laderaupen, Grabenbagger, Muldenkipper, Radlader, Hydraulikbagger, Bodenstabilisierer, Kaltfräsen.

Kaum ein Leser wird wohl dabei gewesen sein, als die ersten ungewohnten Vertreter einer dieser Baumaschinenarten ihre Arbeit aufnahmen und allseits bestaunt wurden. Wir aber werden zum Beginn des 21. Jahrhunderts Zeugen bei der Geburt einer brandneuen Art von Baumaschinen: Gummiraupenlader.

Fast unbemerkt hat sich innerhalb weniger Jahre aus ein paar kaum beachteten Nischenmaschinen eine völlig neue Art von Baumaschinen entwickelt, für die es noch nicht einmal eine passende Bezeichnung gibt.

Mit flottem Tempo durch schweres Gelände: Der Takeuchi TL 150 von Schäfer Baumaschinen ist ein typischer Vertreter der neuen Gummiraupenlader und kann mit 1,12 t Nutzlast durch schweres Gelände fahren, bringt selbst aber nur 4,8 t auf die Waage. Für den hydrostatischen Antrieb sorgt ein 103 PS starker Yanmar-Motor. Auf seinen 450 mm breiten Gummiraupen erzeugt der Raupenlader nur 0,29 kg/cm² Bodendruck

Weder Wetter noch Boden halten die Miniraupen auf - so sind sie kleinen Radladern haushoch überlegen: Der Bobcat T190 fährt auf 320 mm breiten Gummiraupen und drückt mit nur 0,35 kg/cm² auf den Grund. Wie alle Bobcats ist er mit dem Bob-Tach-Schnellwechsler ausgerüstet und übernimmt mit vielfältigsten Ausrüstungen Arbeiten aller Art

Harter Fels und weicher Rasen: Wenn solche Gegensätze aufeinander treffen, helfen Gummiraupenlader wie der große ASV 4810 weiter: Trotz seiner 4 t Eigengewicht wirkt dank der großen Bodenkontaktfläche von 1,82 m² nur das Gewicht eines Kindes auf die Rasenfläche

Wie sollen die Neulinge heißen?

„Eigentlich handelt es sich bei den neuen Maschinen doch nur um kleine Laderaupen", wird jetzt mancher Leser sagen. Ja, das stimmt - eigentlich. Denn andererseits haben die neuen Gummiraupenlader mit den bekannten Laderaupen nicht viel gemeinsam, entstanden zudem aus einer ganz anderen Maschinengattung und können viel, viel mehr als Laderaupen. Auch ihr Tempo, ihre Wendigkeit und Einsatzvielfalt unterscheidet sie beträchtlich von normalen Laderaupen.

Doch fällt es gar nicht leicht, den Neuen geeignete Namen zu geben. Da spricht ein amerikanischer Hersteller in Deutschland von Kompakt-Raupenladern, ein anderer amerikanischer Hersteller nennt sie bei uns Delta-Lader, ein deutscher Händler japanischer Maschinen bevorzugt Kompakt-Laderaupen. Auch die sonst so erfindungsreichen Amerikaner sind noch auf Namenssuche. Wir hören dort „Utility Crawler", „Rubber Track Loader", „Multi-Terrain Loader" und „Compact Track Loader". Ziemlich unpassend sind sowohl bei den deutschen als auch amerikanischen Bezeichnungen das „Lader" und „Loader", denn die Neulinge laden gar nicht so oft, sondern übernehmen dank etlicher Anbauausrüstungen eine äußerst breit gefächerte Palette von Aufgaben. Sie sind echte Vielzweckmaschinen, die - wie schon weiter oben erwähnt - weitaus mehr können als nur das Laden.

Wie wäre es denn dann mit „Miniraupen", gewissermaßen als Gegenstück zu Minibaggern? Zwar ist „Miniraupe" nicht ganz zutreffend, ebensowenig wie „Kompakt-Raupenlader", doch wird so ein langes Wortungetüm vermieden. Unmissverständlich sind mit Raupen zwar Planierraupen gemeint – solche Arbeiten erledigen die Neulinge nebenbei. Raupenlader und Laderaupe wird den vielseitigen Maschinen jedoch keineswegs gerecht. Warum also nicht einfach „Miniraupe"?

Auf patentiertem Fahrwerk mit 48 gefederten Laufrollen und Torsionsfederung (Drehstabfederung) fährt der Caterpillar-Deltalader 287B. Mit 4,66 t Gewicht und 1,63 t fahrbarer Nutzlast ist er einer der schwersten Mini-Raupenlader. Durch den optimalen Bodenkontakt benötigen die Gummiraupen keine hohen Stollen oder Stege

Den kleinsten Gummiraupenladern muß der Fahrer hinterherlaufen. Der Winz-Raupenlader SK500 wird handgeführt, bleibt mit 5,8 km/h im flotten Fußgängertempo und hebt bis zu 223 kg Nutzlast maximal 2,04 m hoch. Für die 1,8 m lange und nur 0,77 m breite Maschine sind zahlreiche Ausrüstungen erhältlich. Den Antrieb übernimmt ein 24 PS starker Honda-Benzinmotor

Auch Libra Compact Technologies aus der Republik San Marino gesellt sich zu den Herstellern der neuen Gummiraupenlader. Dazu bedient man sich der Raupenfahrwerke von Berco. Der 3,29 m lange und 1,68 m breite Raupenlader T 865 wird von einem 61 PS starken Kubota-Motor bewegt. Bei 3,4 t Gewicht kann der T 865 immerhin 1,025 t Nutzlast transportieren – wobei leider wie so oft der Sicherheitsfaktor nicht angegeben wird

Die beiden 4,4 und 4,6 t wiegenden Raupenlader Robot 190 und 1110 von JCB zählen zu den größten Gummiraupenladern und sind die einzigen Miniraupen mit einseitig geführtem Hubarm statt der konventionellen Hubarme auf beiden Laderseiten. Durch diesen Kunstgriff kann der Fahrer bequem seitlich ein- und aussteigen, muss also nicht über Schaufel oder Anbaugerät klettern

Keine Kompaktlader auf Ketten!

Der Umgang mit den neuen Miniraupen fällt noch ziemlich schwer, denn vereinzelt taucht - sogar in der Fachpresse - die ziemlich falsche Bezeichnung „Kompaktlader mit Kettenlaufwerken" auf. Das trifft die Sache nicht ganz, weil sich Ketten aus vielen einzelnen Gliedern zusammensetzten. Die Winz-Laderaupen haben aber keine Stahlketten wie ihre großen Brüder, sondern Gummiraupenbänder – wie vom Sandkistenspielzeug bekannt.

Doch gerade das ab und zu durchklingende „Spielzeug" erschwert den Neulingen den Start: „Erdbaumaschinen mit Gummiraupen sind doch kaum ernst zu nehmen", ist eine verbreitete Meinung. Denn Minibagger stehen meist auf ihren Gummiraupen, sie arbeiten im Stillstand und fahren nur ab und zu ein Stückchen.

Aber bei unseren neuen Miniraupen ist das gänzlich anders: Sie erbringen praktisch ihre gesamte Arbeitsleistung während der Fahrt. Die Gummiraupen sind dabei also unentwegt, tagein, tagaus, hart gefordert, sie sollen allen Anforderungen standhalten und auch bei rauhen Einsatzbedingungen nicht überraschend schnell schlapp machen.

Bei all dem tragen die Laufwerke und Gummiraupen nicht nur Last (wie bislang bei Minibaggern und Raupendumpern), sondern müssen jetzt auch hohe Vorschubkräfte aufbringen. Das müssen solche Gummiraupen dauerhaft aushalten, wofür auch tatsächliche einige Kniffs und Tricks unumgänglich sind.

Noch vor wenigen Jahren galten vereinzelt auftauchende Kompaktlader auf Gummiraupen als seltene Exoten. „Warum den Skid-Steer-Ladern die Reifen wegnehmen und durch Gummiraupen ersetzen?", wurde oft argumentiert. Aber zahlreiche gute

Der CK 1122 von Komatsu bringt 4,35 t auf die Waage, trägt 1 t Nutzlast und ist mit seiner patentierten Kippkabine für möglichst einfache Wartung konzipiert. Das Raupenfahrwerk des CK 1122 stammt nicht von Komatsu, sondern vom italienischen Verschleißteil- und Fahrwerks-Hersteller Berco

Von Sampierana aus Italien stammt der 3,4 t schwere Eurocomach ETL 160.3 mit 0,4 m^3 fassender Standardschaufel und bis zu 1,2 t Transportnutzlast. Eurocomach listet für den 3 m langen und 1,59 m breiten Raupenlader viele Anbauausrüstungen auf, beispielsweise auch Betonmischschaufel, Asphaltfräse und Bodenstabilisierer

Omnitrac aus La Grande, Oregon, ist eigentlich spezialisiert auf Umbauten serienmäßiger Kompaktlader, produziert aber auch eine Miniraupe eigener Konstruktion: Der 4,1 t wiegende Danté 60XL mit gefederten Umlenk- und Laufrollen verwöhnt bei bis zu 11 km/h Tempo mit hohem Fahrkomfort

Berco kann Kompaktlader verschiedener Hersteller, beispielsweise von Eurocomach, Komatsu und Libra, anstelle der vier Räder mit speziellen Raupenschiffen ausstatten und so einen „Skid-Steer-Lader" in einen Gummiraupenlader verwandeln

Wird anstelle der Schaufel am Schnellwechsler eine Palettengabel angebaut, entsteht gewissermaßen eine weitere neue Maschinengattung: Der Bobcat T250 arbeitet hier als neuartiger Geländestapler auf Raupen und bewältigt auch auf rauhem Grund beachtliche Lasten

Einsatzerfahrungen bewiesen, daß derartige Gummiraupenlader durchaus sinnvolle Arbeit leisten.

Deshalb schießen kleinen Raupenlader nun plötzlich wie Pilze aus dem Boden: Mehr und mehr Hersteller wollen den Anschluss nicht verpassen und bieten inzwischen Gummiraupenlader an. Besonders in Deutschland haben die neuen Miniraupen wesentlich bessere Chancen als die in den Vereinigten Staaten und anderen Ländern so beliebten Kompaktlader.

Vieles können die Neuen besser

Kleine Kompaktlader mit Antriebs-Brems-Lenkung, bei uns oft auch schon wie in ihrer nordamerikanischen Heimat Skid-Steer-Lader genannt, konnten auf heimischen Baustellen nie so recht Fuß fassen. Zu verbreitet sind bei uns Kleinlader mit Knick- oder Allradlenkung, die gerne mit Minibaggern zu leistungsfähigen Baustellen-Teams kombiniert werden.

Aus den Skid-Steer-Ladern entstand die brandneue Maschinengattung: Kleine, kompakte Lader, die statt auf vier nicht lenkbaren Rädern nun auf Gummiraupen fahren.

Die neuen Raupenlader sollten jedoch nicht einfach mit Kompaktladern (Skid-Steer-Ladern) in einen Topf geworfen werden. Auch wenn sie auf den ersten Blick ähnlich erscheinen und bei einigen Herstellern sogar auf Kompaktladern basieren, sind zahlreiche Unterschiede im Einsatz zu vermerken.

Miniraupen wie der Cat 277 erklimmen dermaßen steile Hänge und Halden, daß kleine Radlader und Skid-Steer-Lader hier aufgeben müßten. Das von ASV entwickelte, gefederte Laufwerk mit 48 Laufrollen und Drehstabfederung sorgt unter allen Fahrbedingungen für optimalen Kraftschluß mit dem Boden

Der 82 PS starke und 4,2 t wiegende amerikanische Rayco C85L ist derzeit der einzige Mini-Raupenlader, der wahlweise mit 356 mm breiten Stahlketten oder 406 mm breiten Gummiraupen erhältlich ist – als Lader oder echter Mini-Dozer

Deshalb verbuchen die neuen Miniraupen derzeit explosionsartige Zuwachsraten, besonders in Nordamerika, wo ja Kompaktlader sowieso „an jeder Ecke" arbeiten. Insofern haben die Neulinge dort natürlich einen leichteren Start, denn jeder erkennt dort sofort die Vorteile gegenüber herkömmlichen Skid-Steer-Ladern. Im Jahr 2004 sollen Raupenlader annähernd 50 Prozent Marktzuwachs in Nordamerika verzeichnet haben. Bei vielen Einsätzen verdrängen sie Skid-Steer-Lader von ihren Stammplätzen. Bobcat berichtet, daß in Europa und in Deutschland bereits über 20 Prozent aller verkauften Kompaktlader dieser Marke auf Gummiraupen fahren!

So mag es nicht verwundern, daß bei den Miniraupen plötzlich schon mehr als ein Dutzend Hersteller mitmischen - und keinesfalls nur Amerikaner, sondern auch Europäer. Hinzu kommen Hersteller, die sonst wenig mit Kleinladern zu tun hatten.

Die 3,4 und 4,8 t wiegenden Gummiraupenlader CT60 und CT80 von Gehl sind gegenwärtig noch nicht auf dem deutschen Baumaschinenmarkt erhältlich, werden aber bereits auf amerikanischen Baustellen eingesetzt

Die beiden Gummiraupenlader MTL16 und MTL25 von Mustang sind baugleich mit den Gehl-Miniladern CT60 und CT80, werden aber ebenfalls nicht auf dem heimischen Markt angeboten, sondern nur in der Heimat der „Skid-Steer-Lader“, in Nordamerika

Gummiraupenlader eignen sich vorzüglich als Mini-Planierraupen. Der 3-t-Deltalader Cat 247 mit Deltalaufwerk und Drehstabfederung führt statt der Schaufel am Schnellwechsler ein Planierschild. Dank 1,14 m^2 Bodenauflagefläche drücken die Raupen mit weniger Gewicht auf den Boden als ein Mensch, erzeugen aber hohe Vortriebskräfte

Handgeführte Minilader wandeln sich dank Schnellwechsler zu den kleinsten Planierraupen auf dem Markt: Der handgeführte MT50 von Bobcat ist mit 1,1 t Gewicht und nur 904 mm Breite die wohl kleinste Planierraupe der Welt. Da der Fahrer hinterhergeht, sind nicht mehr als 5,2 km/h vorwärts und aus Sicherheitsgründen rückwärts sogar nur 2,4 km/h möglich

Die Fortschritte in der Entwicklung von Gummiraupen lassen heute noch ungewohnte Baumaschinen entstehen: Der Takeuchi TL 150 ist mit angebautem Planierschild eine ebenso neue wie interessante Mischung aus Kompaktlader, Miniladeraupe und Kettendozer. Der Minilader kann wahlweise mit neuen Kombiraupen ausgerüstet werden, bei denen auf die Außenseiten der Gummiraupen Stahlplatten angeschraubt sind

Trotz ihrer „weichen" Gummiraupen sollten die Minilader als abgewandelte Planierraupen nicht unterschätzt werden, zumal Hersteller wie Bobcat volltaugliche, hydraulisch stufenlos verstellbare und tiltbare Schwenkschilde zum Anbau an den Bobcat-Schnellwechsler „Bob-Tach" bieten

Bobcat führt im äußerst umfangreichen Anbaugeräteprogramm ebenfalls Anbaugrader für Gummiraupenlader. Der Bobcat T300 nivelliert den Untergrund mit seiner lasergeführten Graderschar besser als jeder Radlader - und ist schneller und einfacher zu transportieren und einzusetzen als ein „ausgewachsener" Grader

Gummiraupen bringen Vorteile

Die Miniraupen sind zwar durchschnittlich rund 20 bis 30 Prozent teurer als Skid-Steer-Lader, bringen aber mehr Leistung beim Einsatz, sind bodenschonender, kräftiger (da mehr Vorschub), schneller, schwingen/schaukeln sich nicht auf, tragen höhere dynamische Fahrlasten und erlauben flexiblere Einsatzmöglichkeiten.

Richtig wohl fühlen sich die Miniraupen dort, wo Klein- und Kompaktlader versagen. Sie übernehmen „im dicken Brei" Arbeiten, die Kompakt- und Radladern Probleme bereiten würden. Stets spielen dabei die hohen Vortriebskräfte eine wichtige Rolle, gerade auch beim Schieben und Füllen der Schaufel.

Die hohe Traktion wird zudem dank der Gummiraupen bodenschonend erbracht: Ihre Gummiraupen drücken mit nur etwa 0,28 oder 0,35 kg/cm^2 auf Rasen oder andere Flächen. Da die Gummiraupen keine Spuren auf befestigten Flächen hinterlassen, sind die kleinen Raupenlader auch für das Befahren von öffentlichen Straßen und Plätzen gut geeignet. Außerdem erklimmen die Miniraupen steile Hänge und Halden, an denen Kompaktlader scheitern. Daher können Miniraupen auch sehr steil – und damit platzsparend – aufhalden.

Die beiden einarmigen JCB Robot 190 und 1110 von JCB mit 320 oder 450 mm breiten Gummiraupen wandeln sich mit verstellbarem Frontschild zu kleinen Raupendozern. Bei bis zu 4,6 t Einsatzgewicht rücken sie schon zu den kleinsten Planierraupen auf

Besonders der Galabau gilt als ideales Einsatzgebiet für Gummiraupenlader, denn bodenschonendes Arbeiten wird mit Wendigkeit und hohem Vortrieb kombiniert. Miniraupen mit Schnellwechsler sind vorzügliche Systemmaschinen für unterschiedlichste Anbaugeräte. So fräsen sie problemlos Kabelgräben, ohne daß im Rasen Spuren verbleiben.

Werden die Miniraupen richtig ausgelastet, kennt ihre Vielseitigkeit keine Grenzen. Sie können sogar im Stillstand als mobile Antriebsstationen arbeiten, beispielsweise mit einer am Schnellwechsler angebauten, hydraulisch betriebenen Häckselmaschine für Buschwerk und dicke Äste.

Die einen rutschen, die anderen nicht

Warum konnten Kompaktlader auf deutschen Baustellen nicht viele Freunde finden? Während die meisten anderen Baumaschinen auf ihren Reifen fahren, verhalten sich Kompaktlader anders: Sie rutschen bei jeder Lenkbewegung auf ihren Reifen. Das bringt zwar Vorteile, läßt die Reifen aber auch unentwegt radieren. Das „Rutschlenken" wandelt die Haftreibung abrollender Reifen ständig, auch für kurze Momente, in Gleitreibung um – und genau dadurch können nur geringere Vortriebskräfte auf den Boden übertragen werden. Die Folge: Stets haben die Räder mehr Schlupf als nötig. Bei starken seitlichen Neigungen, zum Beispiel bei Einsätzen an Hängen, „schmieren" Kompaktlader mangels Haftreibung ihrer Räder sogar ab: Mit durchdrehenden Rädern sind keine starken Kräfte zu erzeugen.

Wie sich ein Kompaktlader beim Einsatz und im Gelände verhält, hängt stark von seiner Bereifung ab. Bei keiner anderen Maschinengattung sind die Vor- und Nachteile bestimmter Reifen so schwer darzulegen wie bei Kompaktladern. Die Kosten/Lebensdauer-Relation schwankt einsatz- und fahrerbedingt bei den Skid-Steer-Ladern so drastisch, daß es bisher keine vernünftigen Vergleichsaussagen gibt. Nun erbringen aber solche Lader ihre Arbeitsleistung beim Fahren, also auf den Reifen. Die kleinen

Der italienische Hersteller Gordini produziert für Gummiraupenlader spezielle Anbauausrüstungen. Dieser Takeuchi TL 130 arbeitet mit einem Gordini-Anbaugrader am Schnellwechsler fast wie ein vollwertiger Grader, sogar mit Lasersteuerung der Schar

Raddurchmesser und -breiten führen zu einem hohen Bodendruck, der Kompaktlader oft einsinken läßt, besonders auf nachgiebigen und bindigen Böden. Die Resultate sind große Fahrwiderstände, unnötig hoher Kraftstoffverbrauch, zu langsames Arbeiten und übermäßiger Verschleiß. Schlimmstenfalls setzt der Kompaktlader auf, kann nicht mehr arbeiten und lähmt die Baustelle.

Wirksame Abhilfe ist nur durch die Vergrößerung der Bodenkontaktfläche zu erreichen – eben mit Raupen. Der daraus resultierende geringere Bodendruck senkt den Fahrwiderstand und schont den Untergrund. Außerdem sind mit den nicht durchrutschenden Raupen wesentlich größere Vortriebskräfte möglich.

Die Miniraupen kommen also überall dorthin, wo Kompaktlader zögern, versagen oder den Boden aufwühlen. Wenn die Raupen erst einmal dort sind, arbeiten sie besser als Kompaktlader, denn ihre große Raupenauflage sorgt für größere Stabilität beim Fahren und Heben.

Härter gefordert als Kompaktlader

„Gummiraupenlader? Das sind doch umgebaute Kompaktlader!", meinen sogar viele Fachleute. Doch hier ist Vorsicht geboten: Die Wandlung vom Kompaktlader zum Gummiraupenlader ist nicht „mal eben so" vorzunehmen. Anders als beim Kompaktlader erzeugen die Miniraupen beachtliche Vortriebskraft. Für hohe Vortriebskräfte sind Hubarme, Hydraulikzylinder, Schaufelanlenkungen, Kinematik und bei einigen Typen sogar Rahmen und Ladearmaufhängung der ursprünglichen Kompaktlader aber oft nicht ausgelegt.

Was könnte dann passieren? Nach harten Einsätzen, wo Miniraupen mit ihren hohen Vorschubkräften auftrumpfen, treten erste Schäden auf, nämlich Haarrisse, Brüche, Lagerschäden - bis hin zu verbogenen Ladearmen. Deshalb ist es wichtig, daß viele Lade- und Hydraulikkomponenten der Miniraupen größeren auftretenden Kräften angepaßt werden.

Ohne Schild nur 1,75 m breit ist die 3,7 t wiegende Kleinraupe C85D von Rayco, hydrostatisch angetrieben von einem 82 PS starken Deutz-Motor und auf einem Mini-Raupenlader C85L basierend. Die Klein-Planierraupe wird einfach auf einem Pkw-Anhänger transportiert. Der 2,03 m breite Schild lässt sich sechsfach verstellen und seitlich schwenken

Eine der kleinsten Planierraupen auf dem Markt ist die 11 km/h schnelle MD 2800 von ASV auf patentiertem Gummiraupen-Fahrwerk mit Torsionsfederung und Mehrfach-Laufrollen, ein modifizierter Gummiraupenlader

Übrigens sind fast alle Gummiraupenlader eine Bestätigung des von Caterpillar in den siebziger Jahren mit der D10 eingeführten Deltalaufwerkes. Auch bei den Miniraupen ist der Turas aus der Schmutzzone entfernt und oben angeordnet worden. Dadurch wird die Selbstreinigung der Innenseite der Gummiraupe erzielt, bevor das Raupenband über die Verzahnung des Turas läuft.

Langer Anlauf der kleinen Raupen

Einige Leser werden inzwischen gemurmelt haben: „Aber Laderaupen gab's doch früher schon...", und tatsächlich müssen wir an dieser Stelle einen kleinen Rückzieher machen: Sogar kleine Laderaupen tauchten früher ab und zu mal auf, gerieten aber bald wieder in Vergessenheit. Überhaupt verschwanden auch größere Laderaupen in den siebziger und achtziger Jahren schnell von unseren Baustellen: Radlader und besonders Hydraulikbagger ersetzten die früher so beliebten Laderaupen.

In den USA krabbelten in den fünfziger Jahren schon allerlei winzige Laderaupen herum, oft auch wahrliche Vielzweckwunder. Ähnliche Minimaschinen baute die deutsche Firma Schmiedag in den fünfziger und sechziger Jahren. Damals waren Schmiedag-Kleinmaschinen auf vielen heimischen Baustellen fleißig, lange bevor die japanische Flut von Minibaggern ins Land schwappte.. Die äußerst vielseitigen Schmiedag-Kleinraupen leisteten einen unschätzbaren Beitrag zur Mechanisierung vieler Arbeiten im Erd- und Tiefbau. Die je nach Anbaugerät

Er vergrößerte den Bekanntheitsgrad der Gummiraupenlader beträchtlich: Der Bobcat 864 wurde im Herbst 1999 auf den Markt gebracht. Inzwischen erweiterte Bobcat das Programm, so dass nun eine ganze Baureihe zur Verfügung steht. Dieser 864 arbeitete mit Schwenkschild als 3,7 t schwere, mit 10 km/h Tempo flott hin- und herfahrende Mini-Planierraupe!

1,5 bis 2,3 t wiegenden Schmiedag-Raupen betätigten sich als Lade- oder Planierraupen oder mit schwenkbarem Tieflöffelarm sogar als Bagger.

Aber 1969 kaufte O&K die Fertigungsrechte der zukunftsträchtigen Minimaschinen und entwickelte sogar noch einen kleinen Raupenlader mit Heckbagger, der jedoch - wie die anderen Schmiedag-Maschinen - leider schon bald nicht mehr im O&K-Programm auftauchte.

Stattdessen beschäftigten sich andere Firmen mit Kompakt-Laderaupen: 1983 stellte die deutsche Firma Lanz die Kompaktraupe ZETCAT R 60 vor, bei der es sich um einen umgebauten Kompaktlader mit Stahlketten handelte. In den späten achtziger und frühen neunziger Jahren präsentierten die italienischen Firmen Baraldi und CME sowie Pel-Job aus Frankreich ähnliche Maschinen. All jenen Miniladern war nur begrenzter Erfolg beschieden, obwohl sie sich bei Arbeiten wie im Galabau oder im Innenabbruch bewährt haben sollen. ASV in den Vereinigten Staaten und Takeuchi in Japan bauen aber schon seit 1987 Mini-Laderaupen und dürfen als Pioniere der neuen Maschinengattung gelten. Deutliche Impulse für weitere Entwicklungen löste der 1999 von Bobcat vorgestellte 3,7-t-Raupenlader 864 aus. Bobcat ist Marktführer bei Skid-Steer-Ladern, so daß viele Konkurrenten die Neuheiten mit wachem Auge beobachten. Während beim 864 Gesamtkonzeption, Hubarme und Fahrerhaus durchaus der Bobcat-Familie entsprachen, wurden für das Fahrwerk Gummiraupen und hochgesetzter Antriebsturas gewählt. Mit 3,7 t Gewicht gehörte der Bobcat 864 bereits zur größeren Klasse der Minimaschinen.

Durch die Maschinen von Bobcat und Takeuchi rückten Klein-Laderaupen erneut ins Augenmerk vieler Bauunternehmer, aber auch Hersteller. Und so wird inzwischen wieder deutlich, warum Laderaupen in den fünfziger und sechziger Jahren derartige Erfolge verbuchen konnten und praktisch auf jeder Baustelle als „Mädchen für alles" fleißig waren.

Gummiraupen sind keine Gummibänder

Baumaschinen mit Raupenfahrwerken fahren nomalerweise auf Stahlketten. Doch im Vergleich zum

In den frühen fünfziger Jahren machte „Mighty Mouse" der Micky Maus in den USA mächtige Konkurrenz - und der Handarbeit auf Baustellen. Der nur 409 kg leichte „Mighty Mouse Baby Bulldozer" der Mead Specialties Company dürfte 1950 mit seiner 250 kg hebenden Schaufel einer der ersten Minilader gewesen sein. Den Antrieb übernahm ein 6 PS leistender, luftgekühlter 1-Zylinder-Benzin-Motor unbekannter Herkunft

Im großen Amerika kamen Miniladeraupen richtig in Mode: Um 1960 gesellte sich die Planier- und Laderaupe „Speedcat“ dazu. Die immerhin 0,17 m^3 fassende Schaufel konnte in beachtlichen 2,3 m Höhe auskippen. Das Höchsttempo lag bei 10,5 km/h, der Bodendruck bei 0,21 kg/cm^2. Schon damals wurde betont: „Volle Leistung auf engstem Raum.“

Das Namenskürzel Cat (für Caterpillar) war schon in den fünfziger Jahren in Amerika weit verbreitet. Deshalb wählte man 1951 bei der Earl H. Pence & Co. den Typennamen „Agricat“ für einen kleinen vielseitigen Helfer, damals in erster Linie für die Landwirtschaft bestimmt. Die 526 kg wiegende und 97 cm breite Raupe wurde von einem luftgekühlten 1-Zylinder-Benzin-Motor von Briggs & Stratton angetrieben harten Stahl bieten Gummiraupen allerhand Vorteile: Sie verursachen keine Schäden auf Asphalt und anderen „empfindlichen" Oberflächen, sie erzeugen geringere Lärmentwicklung, sind leichter aufzuziehen und kostengünstiger.

Im Vergleich zu Reifen haben Gummiraupen eine bessere Traktion und einen geringeren Bodendruck. Auf hartem Untergrund wie Asphalt und Beton oder auf Treppen und Rampen bringen Gummiraupen zudem mehr Traktion auf als Stahlketten.

Beim Durchfahren von lockerem Sand, tiefem Schlamm und Matsch bilden Gummiraupen gegenüber Stahlketten ein geschlossenes Band. Abrasiver Schmutz, kleine Partikel und Steinchen können nicht wie bei Stahlketten zwischen die Kettenglieder gelangen und bauen sich nicht so leicht zwischen Raupeninnenseite und Laufrollen auf. Gummiraupen erlauben höhere Fahrgeschwindigkeiten als Stahlketten, und das deutlich leiser. Gummiraupen sind leichter als Stahlketten, was für Gewichtsersparnis sorgt – die zwar nicht immer erwünscht ist, bei vielen Einsätzen aber den Bodendruck reduziert.

Leider bringen Gummiraupen auch einige Nachteile mit sich: Ähnlich wie EM-Reifen verlangen Gummiraupen im Einsatz Aufmerksamkeit, denn sie unterliegen aufgrund ihrer Struktur größerem Verschleiß als die Kettenglieder von Stahlketten. Gummiraupen verschleißen „außen" an der Oberfläche durch Abrieb, innen an den Laufrädern und besonders am Eingriff der Zähne vom Antriebsrad und zudem noch intern durch das ständige Umlaufen und „Biegen" des Raupenbandes.

Gummiraupen sind auch nicht so problemlos zu betreiben und zu fahren wie ihre stählernen Brüder. Je nach Einsatz, Maschine und Gummiraupenqualität kann es unliebsame Überraschungen geben. Mehr als bei der Verwendung von Stahlketten müssen sich die Fahrer mit den Eigenarten von Gummiraupen gut vertraut machen, damit die Raupenfreude nach unterschiedlichen Einsätzen nicht getrübt wird.

Die richtige Mischung macht's

Das A und O einer jeden Gummiraupe ist das Innenleben. Gummimischung, Anordnung, Qualität, Einarbeitung und Anzahl der innen längsseitig verlaufenden Stahleinlagen, die Formung und Versteifung der Führungszahnung, in die die Zähne des Antriebsrades eingreifen – all dies sind wichtige Parameter für die Lebensdauer der Gummiraupen.

Fast eine Kunst ist es, die längsseitigen Stahlarmierungen optimal mit der Struktur der Gummiraupe zu kombinieren. Verwendet werden Stahlseile und Stahllitzen, die bei unzähligen Raupenumläufen dauerhaft zig Tausenden von Umbiegungen standhalten müssen. Zudem wirken Kälte, Hitze, Feuchtigkeit, Sonnenlicht, Zug-, Druck- und Scherkräfte: Gummiraupen haben es nicht leicht.

Übrigens, ziemlich unzutreffend ist der verbreitete Ausdruck „Gummiketten", denn eine Kette setzt sich aus vielen Kettengliedern zusammen – und gerade die gibt es bei „Gummiketten" nicht in gewohnter Form. Passender sind daher die Worte „Raupenband" und „Gummiraupe", denn schließlich finden wir sie unter Raupenfahrzeugen.

Besonders interessant sind Gummiraupen für Fahrzeuge, die viel Vortriebskraft benötigen und mit ihrer Eigenbewegung Schaufeln zu füllen haben, also Laderaupen. Bei ihnen leisten Gummiraupen hervorragende Dienste: So vereinen die Miniladeraupen hohe Mobilität mit beachtlichen Vortriebskräften zum Füllen der Schaufel. Das flotte Tempo verkürzt die Ladespielzeiten.

Patentierte Gummiraupenfahrwerke

Interessante Baumaschinen auf Gummiraupen baut die US-Firma ASV (All Season Vehicles). ASV entwickelte für seine kleineren Lade- und Planierraupen das außergewöhnliche Raupenfahrwerk „Posi-Track" mit gefederten Mehrfachlaufrollen, hochgesetztem Turas und Gummiraupen.

Der erste Minilader mit Gummiraupen stammte wohl Anfang der sechziger Jahre von Dahlco. Für die 1,82 m lange Basisraupe waren sogar 30 verschiedene Anbauausrüstungen erhältlich. Die 16 PS starke Maschine konnte entweder fertig montiert oder als Bausatz (!) erworben werden

Auf vielen deutschen Baustellen der sechziger Jahre arbeiteten kleine Lade- und Planierraupen von Schmiedag. Die gerade mal 2,4 m lange Basisraupe wurde von 9,5 PS bis 12 PS starken Fichtel & Sachs-, Ilo- oder Hatz-Motoren angetrieben. Zum Bild mit den drei gelb colorierten Raupen hieß es: „Stören Sie sich bitte nicht daran, daß Sie hier drei Raupen sehen. Die drei zeigen Ihnen hier auf einem Bild, was eine Schmiedag-Kleinraupe auch allein schafft. Wem es allerdings mit einer Kleinraupe zu langsam geht, der schafft sich gleich mehrere an. Dann arbeitet jede an ihrem Platz: wieselflink, unermüdlich und wendig, besonders auf engstem Raum."

Das patentierte „Posi-Track"-Laufwerk verfügt über 48 kleine Laufrollen, die zu jeweils drei Stück nebeneinander pendelnd aufgehängt sind und für einen ausgezeichneten Bodenkontakt sorgen. Sämtliche Laufrollen wie auch die Umlenk- und Antriebsrollen laufen im Ölbad und sind auf Lebenszeit wartungsfrei. Wegen des optimalen Bodenkontaktes kann bei den Gummiraupen auf hohe Stollen oder Stege verzichtet werden, denn ausreichende Traktion soll auch so jederzeit gewährleistet sein.

Das Antriebsrad ist bei „Posi-Track" wie beim Delta-Laufwerk aus der Schmutz- und Stoßzone entfernt und höher angeordnet. Interessant ist die Halterung der beiden Raupenschiffe durch zwei gummigelagerte Torsionsstäbe. Das soll für komfortables Fahren bei hohen Geschwindigkeiten und dennoch für ausreichende Stabilität während des Einsatzes sorgen.

Ein weiteres neues, patentiertes Raupenfahrwerk entwickelte die kanadische Firma Thomas. Durch große Gitterrost-Turas- und -Umlenkrollen fährt der 4,5 t wiegende Raupenlader T220 mit reinen Gummiraupen ohne Stahleinlagen. Somit kann bei diesen „Gummibändern" auf Raupenspanner verzichtet werden.

Durch die 180°-Umschlingung der Gummiraupe um den Turas ist die Eingriffslänge größer als bei den inzwischen verbreiteten Deltalaufwerken, was den Verschleiß mindern soll. Außerdem ist mit den Gitterrosträdern die Eingriffsfläche deutlich größer als bei herkömmlichen Turaszähnen. Auch dies reduziert die Flächenpressung und damit den Verschleiß der Gummiraupe.

Die fortschrittliche Raupenkonzeption macht den T 220 mit 19,8 km/h Tempo (!) zum schnellsten Raupenlader auf dem Markt – und ist eine ernste Konkurrenz für Lader auf Rädern.

Verwandlungskünstler

Um Kompaktlader in Raupenlader zu verwandeln, produziert Felasto Pur aus Deutschland Felastec-Raupenbänder, die den Bodendruck um mehr als 50 Prozent verringern. Die Segmente der Raupenbänder vergrößern durch ihre Konstruktion die Auflagefläche erheblich. Dem Einsinken und Festfahren wird so entgegengewirkt, was zudem bewachsene Untergründe schont. Durch unterschiedlich lange Haken kann das Raupenband einfach und bequem bis auf 20 mm genau angepasst werden. Der Wechsel

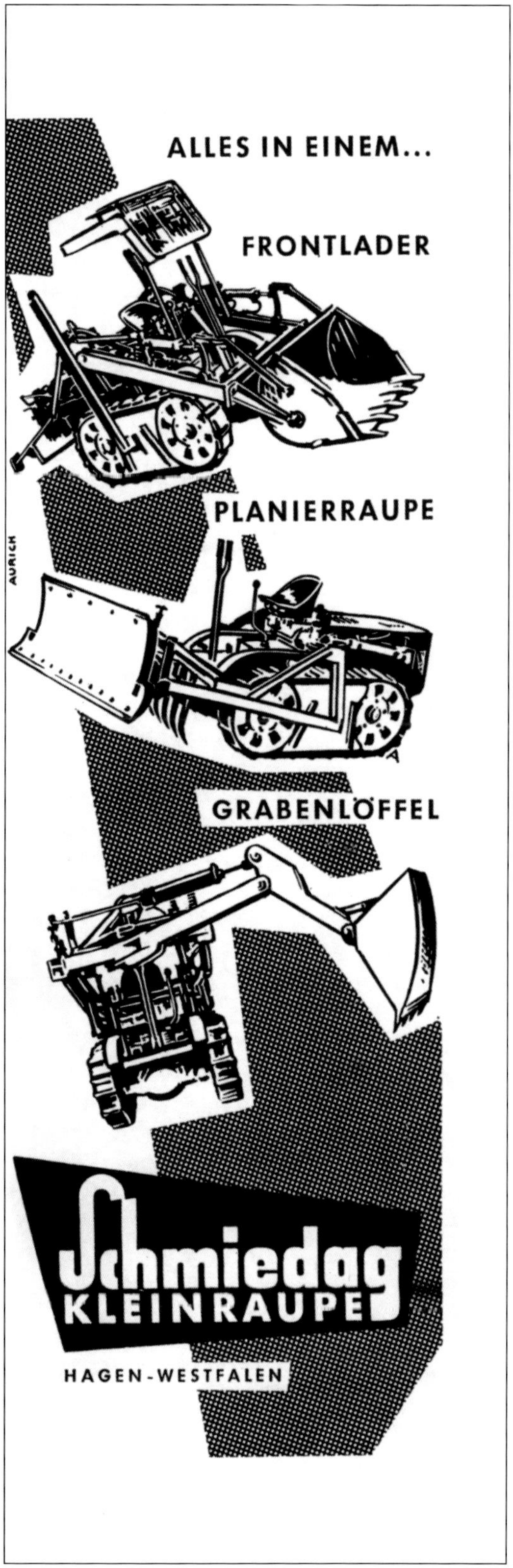

Ein echter Vorläufer der heutigen Miniraupen war die nur 1,1 t „leichte" MP1 des italienischen Herstellers CME (Costruzioni Macchine Edili), arbeitete sie doch schon Mitte der achtziger Jahre auf Gummiraupen. Mit 2,24 m Länge und 1 m Breite war die MP1 wahrlich winzig, trug aber immerhin eine 0,2 m³ fassende Schaufel

eines verschlissenen Segmentes wird problemlos durchgeführt. Die Montage eines Felastec-Raupenbandes soll sich in weniger als einer halben Stunde erledigen lassen.

Auf weichen Böden sorgt die griffige Profilierung der Raupenbänder für die erforderliche Traktion. Die hohen Seitenflanken dieser Raupenbänder gewährleisten unter allen Fahr- und Einsatzbedingungen sicheren Sitz. Noppen auf der Innenseite der Segmente verzahnen sich mit dem Reifenprofil und verhindern ein Durchdrehen der Räder im Raupenband. So wird stets für optimale Kraftübertragung gesorgt. Hochverschleissfester Kunststoff auf Polyurethanbasis mit einer durchgehenden Stahlkette macht die Raupenbänder sehr widerstandsfähig. Die hohe Abriebbeständigkeit, Schnitt- und Weiterreissfestigkeit mit gleichzeitiger elastischer Eigenschaft zeichnet den Kunststoff aus.

Inzwischen werden Miniraupenlader so beliebt, daß mehrere amerikanische Firmen schon Umrüst-Bausätze anbieten – ungeachtet der zu erwartenden

Auf Basis der Schmiedag-Kleinraupen entwickelte O&K Ende 1970 die Mini-Laderaupe RL 3 mit 31 PS starkem Deutz-Motor und hydrostatischem Wendegetriebe. Die nur 3,3 t wiegende Raupe war dank anbaubarem Heckbagger, Schwenk-Planierschild sowie 3-Zahn-Heckaufreißer sehr vielseitig, wurde aber bald wieder aus dem Programm genommen

Der französische Hersteller Ecomat, Ende der achtziger Jahre zu Pel-Job gehörend, baute mit der 1,25 t wiegenden EB 11 eine Miniraupe, die ihrer Zeit um fast 15 Jahre vorauseilte. Als Volvo die Pel-Job-Minibagger ins eigene Programm einreihte, wurden solche Exoten wie die EB 11 nicht übernommen. Der Antrieb konnte wahlweise sogar elektrisch mit Batterie erfolgen

Die Kompaktraupe ZETCAT R 60 von Lanz aus Aulendorf basierte auf einem antriebs-bremsgelenkten Kompaktlader (Skid-Steer-Lader) der Firma, fuhr aber nicht auf Gummi-, sondern auf 30 cm breiten Stahlketten. Die mit abgesenkter Schaufel nur 3,49 m lange und 1,86 m breite Raupe hatte einen stufenlosen hydrostatischen Antrieb und wog annähernd 4 t

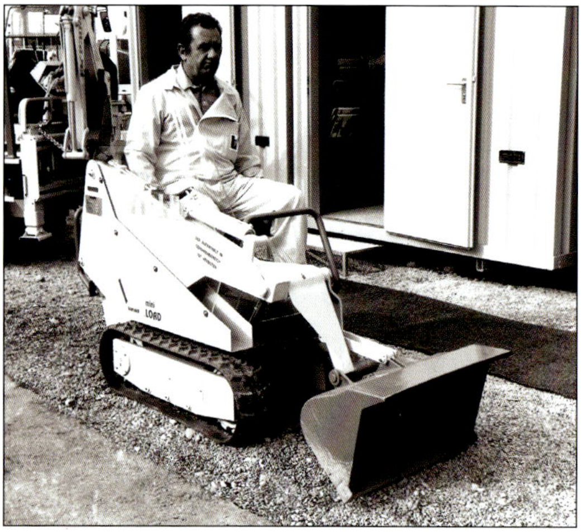

Der bislang wohl kleinste Gummiraupenlader mit Fahrersitz war die nur 430 kg wiegende „miniLOAD" des italienischen Herstellers Baraldi. Bei 70 cm Schaufelbreite hatte der Fahrer nur Platz, weil der Ladearm einseitig geführt wurde. Der 12 PS starke Winzling bewegte sich mit 2 km/h Höchsttempo auf Gummiraupen und drückte mit nur 0,16 kg/cm² auf den Boden

höheren Beanspruchungen. Dann werden einem normalen Skid-Steer-Lader die vier Räder abgenommen und stattdessen zwei Raupenfahrwerke anmontiert. Tüftler der US-Firma Omnitrac rüsten Kompaktlader namhafter Hersteller wie von Case, Caterpillar, New Holland, Gehl, Mustang und Thomas sogar mit kompletten Raupenfahrwerken aus und verwandeln herkömmliche Kompaktlader so in Miniladeraupen. Die Lauf- und Umlenkrollen der Raupenfahrwerke von Omnitrac sind gummibeschichtet. Außerdem sorgt eine als Zubehör erhältliche Federung für schönen Fahr- und Arbeitskomfort. Seit 2004 stellt auch Berco aus Italien (zu ThyssenKrupp gehörend) ein System zum Umbau herkömmlicher Skid-Steer-Lader in Raupenlader vor. Die Gummiraupen sind in zwei Breiten mit 320 und 450 mm lieferbar. Je nach Größe und Einsatzprofil können die Raupenlader mit Fahrwerken mit 3, 4 oder 5 Laufrollen versehen werden. Durch die Wahl zwischen zwei unterschiedlich großen Turas-Varianten sind hohe Geschwindigkeiten bis 14 km/h möglich.

„Die Rammax LR-2 ist ein neuentwickelter Kettenlader, der sich besonders durch seine Kompaktheit und Robustheit auszeichnet", teilte Rammax Maschinenbau aus Metzingen 1985 zur dieser gerade mal 2,4 t schweren, 2,75 m langen und nur 89 cm (!) breiten Miniraupe mit. Einsätze versprach man sich im Graben- und Kanalbau, in Kanalschächten und bei Hausanschlüssen sowie im Garten- und Landschaftsbau

Außergewöhnlich ist das Raupenfahrwerk der neuen 3,2-t-Miniraupe Jolly 686 von Piccini aus Italien. Sowohl Turas als auch vordere Umlenkrolle – ebenfalls ein angetriebener Turas! – sind hochgesetzt. Unten fährt der Lader auf je 6 Laufrollen, um die die Gummiraupe auch vorn und hinten nach oben geführt wird. Durch diese Konzeption befinden sich nur wenige Zähne des Turas im Eingriff, was hohe Flächenpressungen und daher auch hohen Verschleiß verursachen dürfte

Die amerikanische Firma Omnitrac kann antriebs-bremsgelenkte Kompaktlader (Skid-Steer-Lader) aller namhaften Hersteller mit patentierten Gummiraupenfahrwerken ausstatten, die zwecks besserem Bodenkontakt und höherem Fahrkomfort sogar gefedert sind

Viele Anbieter von Skid-Steer-Ladern können als Zubehör Kettenbänder liefern, die den Kompaktlader vorübergehend in eine Laderaupe verwandeln. Die Kettenbänder von Felasto Pur, hier am weißen Bobcat, werden um die Räder gespannt, senken den Bodendruck und steigern die Vortriebskraft. Sie eignen sich für Arbeiten in schweren und auf schlecht tragenden Böden und für das Planieren

Auch bei den kleinsten der Kleinen, hier der handgeführte Bobcat MT50, ist das Raupenfahrwerk eine ausgeklügelte Kombination von Raupenschiff, gefederten Laufrollen, Turas und Gummiraupenband. Schließlich soll es abrasiven Stoffen, Schmutz sowie hohen Zug-, Schub- und Scherbelastungen dauerhaft trotzen können

Interessant und außergewöhnlich ist eine andere Variante bei Berco: Optional sind auch „echte" Raupenketten aus Stahl mit stabilen Stahl-Bodenplatten lieferbar. Dann verwandeln sich die Raupenlader zu den kleinsten Laderaupen der Welt - was für weitere Begriffsverwirrung sorgt...

Hürden für Miniraupen

Um die Vorteile der neuen Kraftzwerge voll ausschöpfen zu können, müssen Konstrukteur wie auch Betreiber auf einige wichtige Dinge achten. Dazu gehört eine ausreichende Bodenfreiheit, anderenfalls setzt die beste Miniraupe im Schlamm auf, wird langsamer, steckt sogar fest und muß zeitraubend befreit werden. Da Miniraupen bestens auf weichen, wenig tragfähigen Böden arbeiten können, kommt der Bodenfreiheit eine größere Bedeutung zu als Radfahrzeugen.

Viel Gewicht wird bei den Miniraupen auf möglichst geringen Bodendruck gelegt. Werden aber die aus Raupenauflagelänge und -breite resultierenden Bodendrücke nachgerechnet, sind sie manchmal höher als in den Spezifikationen – sofern sie dort überhaupt genannt werden.

Hinzu kommen im Einsatz noch Gewichte und, nicht zu vergessen, Nutzlasten der angebauten Ausrüstungen. Dessen ungeachtet ist die bodenschonende Arbeitsweise beachtlich: Der ASV 4810 wirkt trotz seiner 4 t Eigengewicht dank 1,82 m^2 Bodenkontaktfläche nur mit dem Gewicht eines Kindes beispielsweise auf Rasen, nämlich mit 0,22 kg/cm^2. Beim neuen RC 50 sind es sogar nur 0,19 kg/cm^2 – verglichen damit drückt ein Erwachsener mit etwa 0,42 kg schon jeden Quadratzentimeter Rasen mehr als platt...

Ein bedeutender Parameter für den vielseitigen Einsatz der Miniraupen ist die nutzbare Tragkraft, zum Beispiel in der Schaufel, auf der Palettengabel oder in einer Greifklammer. Die Tragkraft wird recht unterschiedlich angegeben, zumal dies bei einigen Miniraupen wegen der gefederten Laufwerke auch nicht so einfach zu definieren ist.

Einige amerikanische Hersteller nehmen 50 Prozent der Kipplast als Grundlage, andere rechnen mit nur 35 Prozent der Kipplast. Lobenswert sind beide Angaben wie 254 kg Fahrnutzlast bei 35 Prozent und 363 kg bei 50 Prozent der Kipplast. Mit einer fahrbaren Nutzlast von 735 bzw. 1120 kg und einer Kipplast von 2100 bzw. 3200 kg transportieren

Miniraupen wie die von Takeuchi problemlos Europaletten im Gelände. Wichtig für den reibungslosen Ladebetrieb sind außerdem die Überladehöhe (gemessen mit waagerechtem Schaufelboden) und die Ausschütthöhe. Uneingeschränkter, zügiger Ladebetrieb ist nur möglich, wenn die Ausschütthöhe höher ist als die Lkw-Bordwand. Aufgrund ihrer hohen Vorschubkräfte und daraus resultierenden guten Schaufelfüllungen werden gerade Miniraupen oft auch Lkw beladen.

Werden Gummiraupen Räder ersetzen?

Fachleute schätzen, daß Kompaktlader auf Rädern (Skid-Steer-Lader) nur dann wirtschaftlicher als Miniraupen sind, sofern sie mehr als 40 Prozent der Einsatzzeit auf befestigtem Untergrund arbeiten. Um allen Einsatzgegebenheiten gewachsen zu sein, werden gemischte Flotten aus Rad- und Raupenladern empfohlen. Bei schlechtem Wetter ziehen die Miniraupen vorbei: Wenn aufgeweichter Untergrund Kompaktlader arg behindert und ihre Räder nur noch wühlen läßt, erledigen die Miniraupen ihre Aufgaben souverän. Sie trotzen widrigem Wetter, sind von Regen, Schlamm, Eis und Schnee völlig unabhängig einsetzbare Universalmaschinen. Im Vergleich dazu geraten herkömmliche Kompaktlader schnell ins Hintertreffen, belasten den Geldbeutel aber weniger als Miniraupen. In den Vereinigten Staaten werden für Miniraupen Preise von durchschnittlich 40.000 Dollar veranschlagt. Im Vergleich dazu kosten normale Kompaktlader rund 25.000 Dollar. Das sind immerhin 60 Prozent mehr, und die wollen erwirtschaftet werden. Dafür müssen sich die Miniraupen ordentlich ins Zeug legen! Aber einige Hersteller möchten kontern: Der RC 50 von ASV steht im Wettbewerb zu Kompaktladern der 45- bis 55-PS-Klasse, die zwischen 2 und 2,5 t wiegen, und kostet mit 29.000 Dollar auch etwa nur so viel wie ein solcher Lader. Da er aber bessere Traktion, Stabilität, Wendigkeit und geringeren Bodendruck bietet, könnte sich der Markt kleiner Lader zukünftig stark verändern. Falsch ist das vorschnell gefällte Urteil, Kompaktlader und Miniraupenlader seien zwei verschiedene Kategorien mit wenigen überlappenden Einsatzbereichen. Deshalb fordert ASV in den Vereinigten Staaten dazu auf, die Miniraupen in jedem beliebigen Einsatz gegen jeden beliebigen Skid-Steer-Lader zu testen. Mutig wird behauptet: Nie wird die Miniraupe unterlegen sein!

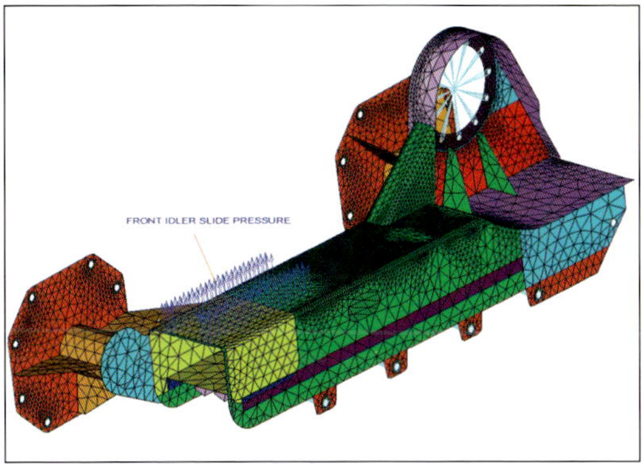

Die anbaubaren Raupenschiffe von Berco werden bei der Konstruktion am Computer auf sämtliche möglichen Belastungsfälle untersucht und nach der Finite-Elemente-Methode (FEM) bezüglich der Gestaltung und Materialstärken optimiert

Der italienische Laufwerks-Komponenten- und Verschleißteil-Hersteller Berco erweiterte jüngst sogar sein Zubehörprogramm um Raupenfahrwerke für Kompaktlader mit 320 und 450 mm breiten Gummiraupen. Wahlweise sind auch Ketten aus Stahl mit Stahl-Bodenplatten erhältlich. So werden übliche Kompaktlader zu Miniraupenladern

Ein interessantes, innovatives Laufwerk mit völlig neuartigen Gitterrosträdern besitzt die kanadische 4,5-t-Miniraupe Thomas T 220. Reduzierte Pressung zwischen Turaszähnen und Raupe, größerer Eingriffswinkel und der Verzicht auf Stahleinlagen in den Raupen gehören zu den Hauptvorteilen des immerhin fast 20 km/h schnellen Miniladers

Schneeräumer mit durchdrehenden Rädern? Mit Miniraupen wie dieser ASV R-50 ist das „Schnee von gestern", denn die schmalen und wendigen Maschinchen übernehmen dank zahlloser Anbaugeräte, zum Beispiel mit Räumschild oder Schneefräse, auch allerlei Nebenaufgaben – unproduktives Herumstehen muß es daher nicht mehr geben

Schneefräse oder Baumaschine? Kaum ein Laie würde hinter dieser Schneefontäne einen der kleinsten Vertreter einer neuen Baumaschinengattung vermuten. Der handgeführte MT50 von Bobcat fährt dank nur 1,1 t Gewicht und 904 mm Breite auch bequem auf jedem Bürgersteig und ist so auch im Winter fleißig, wenn viele andere Baumaschinen zur Tatenlosigkeit verurteilt sind

Hohe Traktion und bodenschonendes Arbeiten ermöglichen Miniraupen wie diesem Bobcat T190, hier mit klimatisierter Vollschutzkabine, das Fräsen eines Kabelgrabens, ohne daß im Rasen Spuren verbleiben. Mit Schnellwechsler und starker Zusatzhydraulik werden die Miniraupen zu vorzüglichen Systemmaschinen für unterschiedlichste Anbaugeräte

Überragende Leistungen erzielen die Gummiraupenlader dort, wo herkömmliche Klein- und Kompaktlader kläglich versagen. Der 4,1 t wiegende Deltalader Cat 277 mit gefedertem MTSS-Raupenfahrwerk und angebautem Stammgreifer übernimmt im dicken Brei, der anderen Kompakt- und Radladern Probleme bereiten würde, die Stammholzverladung

Der Galabau (Garten- und Landschaftbau) gilt mit seinen vielfältigen Aufgaben als ideales Einsatzgebiet für Miniraupen, denn bodenschonendes Arbeiten wird mit Wendigkeit und hohen Vortriebskräften kombiniert. Deshalb stehen für Bobcat-Raupenlader entsprechend viele Galabau-Anbaugeräte zur Verfügung, so auch dieser ebenso seltsame wie praktische „Rasenroller"

Auf sanften „Pfoten" arbeiten Gummiraupenlader auch bevorzugt als Gärtner. Dieser ASV 2810 rollt auf dem patentierten „Posi-Track"-Laufwerk mit 48 kleinen Laufrollen, die zu drei Stück nebeneinander pendelnd aufgehängt sind und so für optimale Gewichtsverteilung sorgen

Endlich gibt es dank der Miniraupenlader geeignete, voll geländetaugliche Teampartner für Minibagger, hier ein Kurzheckbagger JCB 8060 mit einem „einarmigen" Robot-Lader von JCB, der den vom Bagger ausgeschachteten und aufgehäuften Aushub schnell abfördert und gleichmäßig verteilt

Als Problemlöser beim Verdichten, besonders auf sandigem Untergrund, gelten die Vibrationsverdichter (Rüttelplatten) von Stehr. Durch ihre ausschließlich vertikale Wirkung bieten sie hohe Verdichtungsleistung. Die Verdichter lassen sich für verschiedene Arbeitsbreiten beliebig kombinieren und sind ideale Anbaugeräte für die neuen Miniraupen

Anwärter für den Weltmeister im Wühlen: Der Takeuchi TL 130 von Wilhelm Schäfer Baumaschinen befördert eine dreiviertel Tonne Nutzlast durch dicken Matsch und schweres Gelände. Das konnten zuvor weder antriebs-bremsgelenkte Kompaktlader noch Kleinlader, und Minibagger schon gar nicht. Der Bodendruck der 320 mm breiten Gummiraupen beträgt nur 382 g/cm²

Mit fast einer Tonne (genau 937 kg) fahrbarer Nutzlast und 105 PS Motorleistung ist der 4 t wiegende ASV 4810 einer der stärksten und größten Miniraupenlader. Das patentierte Laufwerk ohne hohe Stollen oder Stege an den Raupen eignet sich auch für festen Untergrund sowie Asphalt- und Betonflächen

Geländestapler: Mit angebauter Palettengabel wandelt sich der Bobcat T300 vom Lader zum Gabelstapler, be- und entlädt Lkw und transportiert schwerste Lasten quer über unebenes Baugelände – das schafften die „alten" Laderaupen nicht, auch nicht die Teleskopstapler

Der neue Ditch Witch XT 850 ist mehr Geräteträger als Raupenlader. Der Fahrer des 1,8 t schweren, 1,3 m breiten und 24 PS starken XT850 sitzt „mittig". Der 2,1 m tief langende Heckbagger kann dank einer patentierten Vorrichtung um 260° schwenken

Immer kompakter, leistungsfähiger, vielseitiger: Der Pionier der Gummiraupenlader, die amerikanische Firma ASV, bringt den neuen RC-50 mit patentiertem gefedertem Laufwerk, 681 kg Fahrnutzlast und bis zu 15 km/h Tempo auf die Reise. Ein solches Erklimmen einer Halde könnte ein Kompaktlader nicht, er würde„aufsitzen"

Immer hinterlaufen mag niemand: Bobcat entwickelte für den handgeführten, 1,14 t schweren MT 52 für 252 kg Nutzlast ein jederzeit an- und abzumontierendes Mitfahrer-Trittbrett, das von einem frei um 360° drehbaren „Teewagen-Rad" gestützt wird. So hat der Bediener eine schöne Mitfahrgelegenheit...

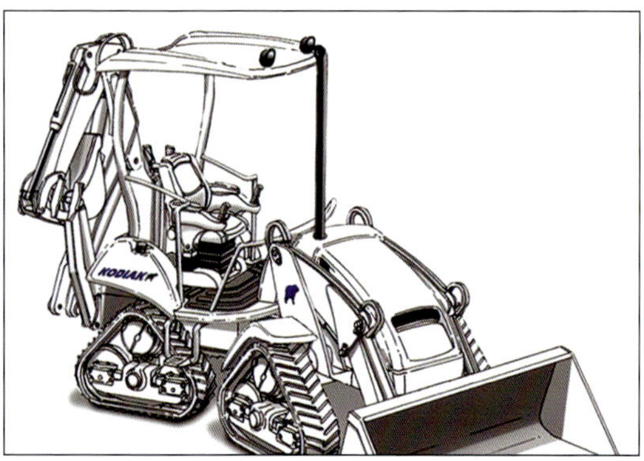

Ab in die Zukunft: Vom amerikanischen Design-Büro Kodiak wurde dieser handliche, knickgelenkte Gummiraupen-Lader mit Heckbagger entworfen. Die vier pendelnd aufgehängten Raupenfahrwerke folgen Bodenunebenheiten besser als nur zwei längere Raupenfahrwerke, die Knicklenkung läßt die Raupen bei Kurvenfahrten weniger verschleißen. Sind dies erste Entwürfe für die neuen Baumaschinen des 21. Jahrhunderts...?

Yumbo – Hydraulikbagger aus Frankreich

Geschichte einer großen Baumaschinenmarke

von Ulf Böge

Ein Yumbo auf Reisen: Entweder gemütlich auf eigener Achse, oder im Schlepp eines LKW konnte sich der H 25 von einem Einsatzort zum anderen fortbewegen

Der Hydraulikbaggermarkt in Europa ist immer in Bewegung. Bereits seit der Einführung dieser Baggerart, Mitte der 1950er Jahre, wurde die Baumaschinenindustrie stets durch neue Konstrukte und Marken geprägt. Doch genauso schnell wie die damaligen Firmen und deren Produkte aufzustreben versuchten, verschwanden Sie zum Teil über die Jahre auch wieder. Oft lag es dann weniger an den technischen Konzepten, als an der mangelnden Möglichkeit, sich am Markt wirtschaftlich durchsetzen zu können. Besonders kleinere Fabrikanten wurden von großen Konzernen übernommen, so dass diese ihr Maschinenprogramm um die immer populäreren Hydraulikbagger erweitern konnten. Dann konnten mit Hilfe der finanzstarken neuen Eigentümer größere Stückzahlen zu günstigeren Preisen gefertigt werden. Auch verschlang die Entwicklungsarbeit neuer Maschinen viel Kapital, dass nur noch von Großunternehmen aufgebracht werden konnte. Bis heute hat sich diese Entwicklung fortgesetzt. In Deutschland z.B. verschwand 2005 die Traditionsmarke O&K zu Gunsten des weltweit agierenden New Holland-Konzerns aus Italien. „Made in Germany" sind jetzt lediglich noch ein Großteil der Mobilbagger, die Grader und kleinen Radlader. Auch Atlas Weyhausen wurde einem Weltkonzern angegliedert. Hier wurde die Gesamtproduktion jedoch vollständig in Deutschland be-

Bild aus Glanzzeiten: Auf dem Auslieferungsgelände der neuen Fabrik in Genas bei Lyon warten die Yumbos auf Kunden

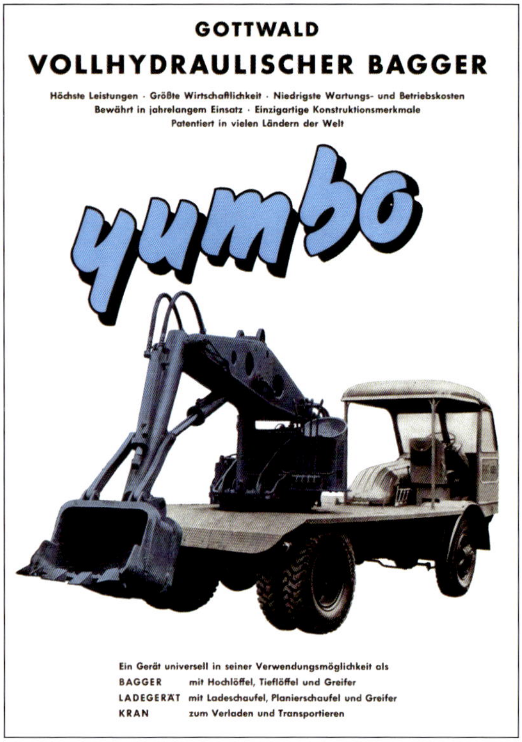

Der erste Yumbo „Made in France" basierte auf dem aus Italien stammenden „Yumbo idraulic 52", der anfangs nur auf LKW-Fahrgestelle aufgebaut wurde. Als 1954 die Produktion in Frankreich aufgenommen wurde, besaß der Bagger bereits einen verstärkten Grundausleger

Der zeitgenössische Prospekt des H 25 zeigt sehr deutlich, dass „Freiluftbaggern" in den 1950er Jahren in Frankreich durchaus zum gewohnten Bild auf den Baustellen gehörte. Dennoch bot Yumbo den Bagger durchaus auch mit fester Kabine an

lassen. Mehr noch, denn ab 2005 wurde die Hydraulikbaggerproduktion um eine vollkommen neue Raupenbaggerserie erweitert. Immerhin verbleiben so Entwicklung und Montage der Maschinen in Deutschland.

Heute sind die ursprünglichen Grundsteine der Hydraulikbaggertechnologie kaum noch bekannt. Das ist ein guter Grund, sich an dieser Stelle einmal mit einem Ur-Hydraulikbagger zu befassen, der weltweit die Entwicklung auf diesem Gebiet beeinflusst hat: Der Yumbo!

Eine gute Idee aus Italien

Bevor jedoch auf diese Maschinen aus Frankreich spezieller eingegangen werden kann, beginnt die Entwicklung zuerst in einem noch südlicher gelegenen Land: Italien im Jahre 1948. Die Brüder Carlo und Mario Brunieri aus Collegno bei Torino entwickelten im väterlichen Betrieb, Officine Meccaniche Brunieri C.M., einen vollhydraulischen Autobagger auf LKW-Fahrgestell. Der Bagger war bereits um 360° schwenkbar und konnte mit Hoch- oder Tieflöffel eingesetzt werden. Der relativ kurze und stark abgewinkelte schwanenhalsähnliche Grundausleger war so konzipiert, dass der Hebelarm der angreifenden Reißkraft und das Kippmoment klein gehalten wurde.

Dagegen war der Löffelstiel relativ lang. Eine konstruktive Eigenart, die sich auch bei späteren italienischen und französischen Hydraulikbaggern bis in die 70er Jahre hinein wiederfand und den damaligen Betrachtern des Baggers wie ein Elefantenrüssel erschien. Das war auch der Grund für die Brunieri Brüder ihre Entwicklung „Yumbo idraulic" zu benanten. Bereits kurze Zeit später konnte der Yumbo auch auf einem Raupenunterwagen angeboten werden. Der Bagger wurde von einem 4-Zylinder OM-L4-I Dieselmotor mit 38 PS angetrieben und wog rund 7 Tonnen. Die Löffelinhalte lagen zwischen 0,3 und 0,5 m^3.

Der Unterwagen des H 45 GL hatte eine Saviem-Lkw-Achse mit 24 Tonnen Belastbarkeit. Dazu eine vollhydraulische Servo-Lenkung. Trotz dieses Fahrkomforts wurden die Baggerbewegungen weiterhin durch vier Hand- und zwei Fußhebel gesteuert. Um die Grabtiefe zu erhöhen, erhielt diese Maschine eine Stielverlängerung mit zwei Umlenkhebeln

Bagger aus dem Baukasten

Die bisherigen Typen wurden nunmehr durch die neuen Bagger Y 60 und H 60 mit jeweils 56 PS sowie Y 90 und H 90 mit 86 PS ersetzt. Der 10,8 Tonnen schwere H 60 entsprach weitestgehend dem Vorgänger H 479, jedoch mit neuem Unterwagen und der Y 60 löste den Y 50 ab. Der Raupenbagger Y 90 mit rund 13,3 Tonnen Gewicht ersetzte den bisherigen Y 70, während der H 90 mit 12,9 Tonnen Gewicht neu und damit auch größter Mobilbagger von Yumbo war. Die neue Baggerreihe wurde im Baukastensytem entwickelt, d.h. alle Oberwagen waren, bis auf die Gegengewichte, gleich konzipiert und besaßen die gleichen Komponenten: Pumpen von Comercial (USA), Deutz Motoren, Raupenketten von Schmiedag, Turasse und Rollen von Tractortechnik und Bremenbauteile von Ate und Tewes. Obwohl Yumbo-Hydraulikbagger zu den Pionieren dieser Maschinenart gehörten, war die Verbreitung in Deutschland nicht sehr groß. Von Y 70 wurden 1968 gerade einmal 50 Stück abgesetzt. Dafür waren die Bagger in Frankreich, neben Poclain und Richier, die wohl erfolgreichsten ihrer Zeit. Yumbo produzierte Ende der 1960er Jahre in den Werken Chauffailles, St. Germain-Laval und Lyon-Genas auf einer Gesamtfläche von 277000 m^2 mit rund 700 Arbeitskräfte monatlich etwa 80 Bagger. Die technische Konzeption der Yumbo-Bagger unterschied sich grundsätzlich von der anderer Hersteller. So verwendete Yumbo zur Erzeugung der Hydraulikenergie im Gegensatz zu dem meisten anderen Fabrikanten keine Kolben-, sondern Zahnradpumpen, die als Doppelkörper-Konstruktion ausgeführt und über eine Kardanwelle direkt von der Motorkurbelwele angetrieben wurden. Die Arbeitsdrücke lagen bei

Die erste Version des Y 100 D.P. (Doppelpumpe) entstand auf Basis des 1957 vorgestellten Typ 500 D.P. Der unterhalb des Auslegers angeordnete Stielzylinder und die insgesamt 5 wählbaren Auslegerstellungen waren typisch für die Yumbo Bagger dieser Zeit

Schwungvoll belädt dieser M 55 mit dem Verladegreifer Kohle auf den bereitstehenden LKW. Die Kabine befindet sich in 3 Metern Höhe, sodass der Fahrer ohne Mühe in die knapp 2,2 Meter hohe Mulde hineinschauen kann

125-135 bar im Niedrigdruckbereich mit einer Zweikreis-Hydraulik. Diese einfache Bauart brachte den Baggern großen Erfolg auf den Exportmärkten in Mittel- und Südamerika sowie Afrika, wo die nur wenig störanfälligen und genügsamen Bagger zum Teil noch heute im Einsatz sind.

Yumbos von IHC stark in Deutschland

Aber auch in Deutschland sollte sich die Popularität recht bald steigern. Ausschlaggebend hierfür war 1969 die Übernahme der Aktienmehrheit der Yumbo SA durch die International Harvester France, deren Ziel es war, das bisherige Baumaschinenprogramm von IHC durch Hydraulikbagger zu erweitern. Der US-Konzern International Harvester gehörte bereits seit vielen Jahren zu den etablierten Land- und Baumaschinenanbietern weltweit. Um nun auch den neuen Hydraulikbaggermarkt – vor allem in Europa - mit Maschinen bedienen zu können, wurde nach einem bestehenden Produzenten gesucht. Yumbo, mit europäischem Produktionsstandort und erfolgreich. Entwicklungsgeschichte passte gut in das Konzept.

Von 1970 an wurden die Bagger nun in IHC-Farbgebung und ab 1972 mit neuer Typenbezeichnung ausgeliefert. Aus dem Y 60 (3940 Y) wurde der 3944, der H 60 (3940 H) als 3945 angeboten. Der Y 90 (3960 Y) hieß ab jetzt 3960 und die Mobilbaggerversion H 90 (3960 H) wurde als 3961 verkauft. Alle Maschinen wurden mit luftgekühlten Deutz-Motoren geliefert. Lediglich die Typen 3960 und 3961 konnten auch mit einem 104 PS starken IHC-Dieselmotor geliefert werden. In dieser Version wurden die Bagger als 3964 und 3965 angeboten.

Durch den Zusammenschluss mit IHC wurde der Absatzmarkt für Yumbo-Bagger erheblich erweitert. Zu den traditionellen Exportländern gehörten neben dem Irak, China oder Malasia nunmehr auch die Vereinigten Staaten und Asien. 1970 wurden in 62 Länder Hydraulikbagger von Yumbo geliefert. Der wachsende Baggermarkt verlange nunmehr nach grösseren Maschinen.

Neuer summenleistungsgeregelter Bagger

Ende 1972 stellte Yumbo den 16 Tonnen schweren und vollkommen neu konzipierten Raupenbagger 3980 vor. Angetrieben wurde der 3980 von einem 103 PS starken IHC-Dieselmotor mit 6 Zylindern und Direkteinspritzung.

Der Motor vom Typ D-358 stammte deutscher Fertigung. Er war der gleiche Motor, der auch in den ebenfalls seinerzeit in Heidelberg produzierten Radladern H-60 B und H-65 C eingebaut wurde. Der Yumbo-International 3980 hatte ein Löffelinhalt von bis zu 0,77 m^3 und erreichte eine Grabtiefe von 6,3 Metern. Kurze Zeit später wurde der Bagger auch mit einem verstärktem HD-Raupenunterwagen als 20 Tonnen schwerer Yumbo-International 3984 angeboten.

Mit diesen beiden Baggertypen hatte das Unternehmen nun auch den Sprung in die obere Liga des Baggerbaus geschafft. Die Maschinen überzeugten, wie auch schon die kleineren Vorgängermodelle durch einfache und solide Konzeptionen und einen verhältnismäßig günstigen Preis. Erstmalig besaßen diese Yumbo-International Hydraulikbagger eine Summenleistungsregelung!

Durch den Einfluss des US-Konzerns International Harvester konnten weitere Entwicklungen vorangetrieben werden, noch größere Maschinen zu produzieren. Im Jahre 1976 war es dann so weit. Der 25 Tonnen-Raupenbagger 3990 sowie der mit Heavy-Duty-Unterwagen ausgerüstete 3994 mit 32 Tonnen Dienstgewicht waren die größten bis dahin gefertigten Bagger von Yumbo und die bis dahin einzigen mit zwei Hubzylindern.

Mittlerweile stammten alle in Yumbo-International Hydraulikbagger eingebauten Motoren von IHC. Die Baggertypen 3960 und 3961 verschwanden zwischenzeitlich aus den Programm. Im Jahre 1977 umfasste das International-Baumaschinenangebot zwei Mobil- sowie vier Raupenbagger-Grundtypen. Die Modelle 3944, 3945, 3964 und 3965 wurden ab jetzt als überarbeitete B-Versionen angeboten. Im darauffolgenden Jahr wurden die Bagger 3980 B und 3984 B als verbesserte Varianten vorgestellt. Die Maschinen unterschieden sich, wie auch schon die Vorgängermodelle im Wesentlichen bei den Unterwagen.

Der 3980 B wurde mit E 4 Standardlaufwerk und als 3980 B-L mit LC-Laufwerk geliefert. Beim 3984 B wurde ein E 6 HD-Unterwagen montiert. Obwohl beide Bagger den gleichen IHC-Motor Typ D 356 besaßen verfügte der 3980 B über 103 und der 3984 B über 120 PS. Markanteste Änderung war die neue „Grand Comfort Cabine". Die Motorverkleidungen wurden aus Fiberglas gefertigt.

Nach nunmehr acht Jahren gemeinsamer Baggerentwicklung zwischen Yumbo und International wurde Ende 1978 beschlossen, die Typenbezeichnungen zu vereinfachen bzw. zu vereinheitlichen. Die kleinen Bagger 3944 B und 3945 B wurden in 620 und 620 W (W = Mobilbagger) umbenannt. Aus den Typen 3964 B und 3965 B wurden die Bagger 630 und 630 W, während die Raupenbagger 3980 B und 3984 B nun 640 und 640 HD hießen. Die größten Bagger 3990 und 3994 erhielten die Bezeichnung 650 und 650 HD. Mit der Einführung der neuen Typenbezeichnungen erhielt auch die Baggerreihe

Eine Reichweite bis zu 7,5 Metern erreichte dieser Y 70 DP. Der Löffelstiel konnte, wie auch bei den anderen Typen mechanisch verlängert werden. Und auch sonst waren die Leistungsmerkmale beachtlich: 80 % Steigfähigkeit, 21 Tonnen Hubkraft und 16,5 Tonnen Reißkraft machten diesen Hydraulikbagger Mitte der 1960er Jahre zu einem der populärsten Maschinen in Frankreich, der den Siegeszug über die bis dahin überwiegend eingesetzten Seilbagger mit anführte

Auch der Y 70 DP wurde als Umschlagsmaschine eingesetzt. Mit Spezialausleger und Holzgreifer ausgerüstet erreichte der Bagger eine beachtliche Umschlagsleistung von 2.800 Tonnen täglich. Mit Greifer betrug die Ladehöhe 7 Meter.

620 und 630 neue Kabinen und, wenn noch nicht vorhanden, Vorsteuerungen. Die Motorenverkleidung bestand jetzt ebenfalls aus Fiberglas.

Der kleinste damals von Yumbo-International angebotene Mobilbagger vom Typ 620 W war jedoch kein direkter Nachfolger des 3945 B und stammt auch nicht aus französischer Produktion. Der Bagger wurde von Eder aus Deutschland zugeliefert und entsprach der Bauart des M 815. Lediglich der eingebaute IHC-Dieselmotor stellte einen Unterschied dar. Als Mobilbagger entwickelte Yumbo nur noch den 630 W weiter. Dieser entsprach mit seinen rund 12 Tonnen Dienstgewicht den generellen Anforderungen des von International anvisierten Exportmarktes. Der 630 W konnte mit verschiedenen Auslegersystemen (Monoblock oder mechanisch verstellbar) und drei Unterwagenvatianten (2- oder 4-Punktabstützung und Planierschild) geliefert werden. Bedingt durch seine gute Geländegängigkeit wurde dieser Bagger auch in größeren Stückzahlen vom Militär verschiedener Länder bestellt. So erhielt die britische, irakische und kenianische Armee den 630 W als Feldarbeitsgerät.

Der kurze Alleingang

Bedingt durch die sich Anfang der 80er Jahre weltweit verschlechternden Absatzmöglichkeiten bei Baumaschinen entschied sich der International Harvester-Konzern 1982 dazu, die Baumaschinensparte abzugeben.

Somit wanderten die eigenen Produktionsstätten

an den ebenfalls aus den U.S.A. stammenden Dresser-Konzern, der sich bereits ein Programm an Miningmaschinen (Bagger Marion, SKW Wabco) über die Jahre zusammengekauft hatte. Bei der Hydraulikbaggerproduktion in Frankreich konnte Dresser hingegen nicht gleich zugreifen. Mehrheitseigner der Yumbo SA war die International Harvester France. Der Aktenrest war auf verschieden Aktionäre verteilt. Auch der staatlich Einfluss in Frankreich verhinderte seinerzeit eine Komplettübernahme der Yumbo-Werke. So wurde noch im gleich Jahr das Unternehmen im Management-Buy-Out von den Franzosen erworben und selbstständig unter der Firmierung Yumbo weitergeführt. Dresser hingeben bot zu dieser Zeit keine Hydraulikbagger an.

Die Zeit der Unabhängigkeit begann vielversprechend für Yumbo und mit einer vollkommen neuen Maschine. Der 635 war ein moderner 16-Tonnen Raupenbagger in neuen Design. Sämtliche Baugruppen wurden neu konzipiert und als Antrieb wurde ab jetzt wieder ein 6-Zylinder Deutz-Motor installiert. Auch der 640 wurde mit neuer Kabine nunmehr zu 640 B weiterentwickelt. 1984 wurde der 650 B mit Mercedes Benz Dieselmotor OM 421 vorgestellt und ein Jahr später kam ein neuer Mobilbagger, der 635 W, auf den Markt.

Nach IHC nun Dresser

Doch die Kriese in der Baumaschinenbranche stellte trotz der vielen Innovativen bei den Yumbo-Bagger ein großes Problem für das Unternehmen dar.

Ein harter Job im Steinbruch: Dieser Y 70 sortierte und verludt mit Mehrschalengreifer Feldblöcke direkt an der Wand. In der großflächig verglasten Kabine hatte der Fahrer einen guten Blick auf das gesamte Arbeitsumfeld

Gewaltig waren die Reißkräfte des Y 70. Scheinbar mühelos wurde ein Baumstubben gerodet. Voll konzentriert war hierbei der Fahrer. Ob es eventuell auch an der großen Anzahl der Bedienhebel lag?

Absatzmärkte in Übersee brachen ohne den U.S.-Partner zusammen und auch das Europageschäft, besonders in Frankreich war hart. So wurde aufgrund wirtschaftlicher Schwierigkeiten im Jahre 1986 das möglich, was zuvor nicht gelingen sollte: Dresser Construction Equipment übernahm die Yumbo-Aktienmehrheit und somit die Hoheit über die Baggerfabrikation.

Fortan erhielten nun die Yumbo-Bagger das charakteristische blaue Band der Dresser-Linie. Farblich hatten sich die Maschinen während der Zeit der Unabhängigkeit ohnehin nicht sonderlich vom IHC-Style unterschieden. Das galt auch für den neuen Raupenbagger 645, der 1986 mit rund 22 Tonnen Einsatzgewicht und einen Löffelinhalt von 0,5 bis 1,3 m^3 auf Basis des 640 entwickelt wurde. Erst im Jahre 1987 wurde auf die typisch weiße Farbe der Kabine und der Motorenverkleidung verzichtet. Zu dieser Zeit bestand das Yumbo-Dresser-Hydraulikbaggerprogramm aus vier Grundtypen. Ab 1987 wurden die Bagger mit modernen Dresser-Dieselmotoren ausgerüstet. Die Typenreihe 635 wurde jetzt als B-Version angeboten. Bereits zu diesem Zeitpunkt begann bei Yumbo die Entwicklung einer vollkommen neuen Baggerserie, die alle bisher gesammelten Erfahrungen in sich vereinen sollte. Die ersten Maschinen dieser neuen E-Baureihe waren 1988 die Typen 625 E

Dieser Y 70 wurde mit verlängertem Löffelstiel und Grabenräumlöffel beim Kulturbau eingesetzt ...

... und demonstriert eindrucksvoll die große Reichweite des Auslegers

Als Bagger für schwerste Arbeiten wurde der Y 100 entwickelt. Dafür standen der Maschine ein 100 PS-Motor, Tieflöffel bis zu 0,65 m^3 Inhalt und 24, 8 Tonne Reißkraft zur Verfügung. Die Bedienung der 16,8 Tonne schweren Maschine konnte für ungeübte Fahrer allerdings auch Schwerstarbeit bedeuten. Mit 7 Handhebeln wurde der Bagger gelenkt. Ein weiteres Novum: zwei beliebige Steuerfunktionen konnten wahlweise auf Fußpedale umgestellt werden

Kraftvoll bricht der Y 100 mit Ladeschaufelausrüstung den schweren Fels aus der Wand. Der direkt angelenkte Schaufelzylinder übertrug die Kraft optimal, war jedoch gegen herabfallendes Material nicht geschützt

bzw. W 625 E und 635 E bzw. W 635 E die in der 12 und 16 Tonnenklasse angesiedelt waren. Als „Hydraulikbagger mit dem intelligenten Hydrauliksystem LS-PPC" wurden die Neulinge der Fachwelt vorgestellt. In der Tat verfügten die Bagger über Bedarfsstromregelung, Proportionalsteuerung, Leistungsregelung, Synchronkontrolle und Druckabscheidung und waren dadurch gegenüber der herkömmlichen Drosselsteuerung leistungsfähiger. Auch optisch – basierend auf der 635er Serie – waren die Bagger mit neuer Komfortkabine sehr chic und konnten trotz des amerikanischen Namens ihre französische Herkunft nicht verleugnen. Bis 1989 folgten die neuen Typen 640 E mit 22 Tonnen Einsatzgewicht und der W 635 EH, der mit einen vergrößerten Gegengewicht speziell für den spanischen Markt entwickelt wurde.

Neuer Name, neue Typen

Offenbar wurden die Erwartungen von Dresser, sich in Europa erfolgreich zu etablieren, nicht erfüllt, denn der Konzern suchte bereits nach einem geeigneten Käufer für seine Produktionsstätten. Und während die Amerikaner genug von Europa hatten zog es einige Japaner, gelockt vom wirtschaftlichen und politischen Wandel vor allem in Osteuropa, in diese Region. Im November 1989 reichte Dresser deshalb seine Yumbo-Anteile an Furukawa weiter. Für den japanischen Technologiekonzern war das Baumaschinengeschäft nichts neues. In Japan fertigte Furukawa seit Jahren erfolgreich Radlader. Eigene Hydraulikbagger hingegen wurden jedoch nicht gebaut. Vielmehr verkaufte die Furukawa-Handelsorganisation auf bestimmten Märkten Hitachi-Hydraulikbagger unter dem eigenen Markennamen. Die Japaner übernahmen die Dresser-Radladerfabrik in Heidelberg und die Yumbo-Werke um mit diesen Produkten ausschließlich in Europa und Afrika auf den Markt zu gehen. Unter dem Motto „Europäische Maschinen für Europa unter japanischen Namen" begann nun auch für Yumbo eine weitere Ära der bis dahin recht wechselvollen Firmengeschichte.

Ungeachtet der neuen Besitzverhältnisse wurde ständig an der Erweiterung der neuen E-Serie gearbeitet. So konnten bereit im Frühjahr 1990 der, je nach Laufwerksausstattung 28 oder 30 Tonnen schwere 645 E LC bzw. HD in der neuen Furukawa-Farbkombination dunkelgelb mit grauer Kabine vorgestellt werden. Und auch im gleich Jahr rundete der große 650 E mit 36 Tonnen Einsatzgewicht die Programmpalette nach oben hin ab. Bedingt durch den starken Bauboom der Nachwendezeit in Deutschland und der Öffnung Osteuropas wurden Furukawa-Hydraulikbagger sehr erfolgreich verkauft. In dieser Zeit erreichten die Bagger aus Frankreich die wohl größte Verbreitung in Europa.

Auch moorastiger Boden war für den H 479 kein Problem. Dieser Mobilbagger bildete die konstruktive Grundlage für alle nachfolgenden Yumbo-Mobilbagger

Das lag natürlich auch an den fein abgestuften Programm von 12 bis 36 Tonnen. Ergänzt wurde dieses 1991 noch durch den Raupenbagger 630 E und den Mobilbagger W 630 E mit 14 und 15,5 Tonnen Dienstgewicht. Furukawa reagierte auf den großen Erfolg der Baggerserie mit Investitionen in Entwicklung und Produktion. Im Jahre 1993 wurde ein neues Werk in Chauffailles und ein Erweiterungsbau der Verwaltung in Genas eingeweiht. Was für die Franzosen gut war, wirkte sich für die deutsche Produktionsstätte in Heidelberg negativ aus. Die Radladerfertigung wurde dort eingestellt und nach Frankreich verlegt.

Anlässlich der Intermat im Paris stellte Furukawa 1994 eine völlig neue Baggerreihe vor. Mit dem neuen Steuerungssystem „LS Tronic" wurden die neuen Maschinen der 700er-Baureihe präsentiert. Neu waren die Typen 725, 725 W, 730, 730 W, 735 und 735 W. Die großen Bagger 640 E und 645 E wurden ebenfalls mit der neuartigen „LS Tronic" nachgerüstet. Zu diesem Zeitpunkt wurde das noch aus Dresser-Zeiten stammende dunkelgelb durch ein leuchtendes hellgelb bei der Lackierung der Maschinen ersetzt. Zudem zeichneten sich die Bagger durch eine neue Komfortkabine aus.

Grundbauelemente dieser neuen Baggerserie fanden sich auch ab 1995 in einem aus Deutschland stammenden Hydraulikbagger wieder. Das Traditions-

Revolutionär war der Mobilbagger H 479, der dank seines groß dimensionierten Unterwagens sehr geländegängig war

Der Yumbo-International 3961 entsprach dem H 90 und war ein leistungsstarker und sehr geländegängiger Mobilbagger. Charakteristisch für die Yumbo-Entwicklungen war die 6-fach Bereifung, während die Single-Lenkräder besonders dimensioniert waren

Mit dem Tieflöffel konnte der H 90 L (langer Ausleger) eine Grabtiefe von bis zu 5,5 Metern erreichen. Das waren rund 80 cm mehr als die Normalversion bot. Yumbo baute mit dieser Variante nun den typischen Monoblockausleger mit oben angelenktem Stielzylinder. In dieser Ausstattung wog der Bagger rund 13,2 Tonnen (unten)

unternehmen Fuchs, damals zu Schaeff gehörend, lies sich die Oberwagen der Typen W 730 und W 735 liefern um diese, mit eigener Kabine und Ausleger, zu Fuchs-Baggern MHB 240 und MHB 250 zu machen. Leider ohne großen Erfolg. Fuchs baute damals für die Bauwirtschaft ohnehin nur noch Mobilbagger und stellte diesen Produktzweig im Jahre 2000 vollkommen ein. Um auch auf dem bis dahin recht interessanten Markt für kompakte Mobilbagger mitbieten zu können, verkaufte Furukawa speziell in Deutschland die kleinen Typen W 704, W 708, W 710 und W 712 mit Gewichten von 4,6 bi 10,9 Tonnen. Diese Bagger stammten jedoch nicht aus den Yumbo-Stammwerk in Frankreich, sondern aus italienischer Produktion. Wie auch schon für Case, O&K und Zeppelin lieferte Macmoter die entsprechenden Mobilbagger zur Anreicherung des eigenen Programms.

Ergebnis globaler Strategie: Das Ende

Die Geschäftsentwicklung bei Furukawa lief in diesem Maschinensegment erfolgreich. Zusätzlich kamen der Raupenbagger 738 und als Mobilversion der 738 W auf den Markt. Dennoch sollte die Bauma 2001 die letzte deutsche Messe sein, auf der Furukawa Baumaschinen ausstellte. Bereits ein Jahr später zog sich das Unternehmen aus dem operativen Geschäft zurück.

Das Ergebnis dieser Entscheidung war die völlige Produktionseinstellung der Hydraulikbaggerfertigung in Frankreich. In den Fabrikhallen werden heute nur noch Radlader gebaut. Diese basieren zwar auf den Furukawa-Maschinen, gehören jetzt aber zum Hitachi-Baumaschinenprogramm in Europa und Afrika. Grundlage hierfür war das 2002 gegründete Gemeinschaftsunternehmen Hitachi-Furukawa-Loaders Europe S.A. deren Mehrheit Hitachi besitzt. Nach über 50 Jahren endet hier die eindrucksvolle Geschichte einer großen Baumaschinenmarke, die immer wieder Höhen und Tiefen erlebte und dennoch der globalen Entwicklung nicht mehr standhalten konnte.

Der Yumbo-International 3944 war mit 10,8 Tonnen Dienstgewicht der kleinste Bagger des damaligen Programms. Wie auch bei dem Vorgängertypen Y 60 konnte der Löffelstiel um 1,2 Meter teleskopiert werden. Daneben bestand die Möglichkeit, den Anlenkpunkt des Stielzylinders zweifach zu verändern. Hierdurch wurde entweder die maximale Reichweite oder das Arbeiten bis möglichst dicht an die Maschine erreicht

Auch für den 3960 wurde die „Long Boom"-Ausrüstung angeboten. Besonders auf den europäischen Exportmärkten und in den U.S.A. war diese Auslegervariante beliebt, da dort überwiegend mit mechanisch verstellbaren oder Monoblockauslegern gearbeitet wurde

Um den Bedürfnissen des Marktes entgegenzukommen, wurden die Bagger nun auch mit konventionellen mechanisch verstellbaren Auslegern angeboten. Dadurch konnte der Arbeitsbereich, wie hier bei Rodungsarbeiten mit dem Yumbo-International 3964, erweitert werden

Aus dem Yumbo H 60 wurde 1972 der International 3945. Immerhin blieb die französische Markenbezeichnung zumindest in den Ländern erhalten, in denen Yumbo bereits recht erfolgreich und bekannt war. In Deutschland jedoch wurde die Bagger als reine IHC-Maschinen angeboten (unten)

Mit neuem Design und zusätzlicher Summenleistungsregelung gehörte der Yumbo-International 3980 zu den modernsten Hydraulikbaggern seiner Zeit. Die noch recht zart wirkende Anlenkung des Hubzylinders am Grundausleger wurde bei den darauffolgenden Serien noch verändert

Der Yumbo-International 3945 - hier in der B-Version – gehörte auf vielen Baustellen, besonders in Frankreich, zu den besonders populären Mobilbaggern. Die einfache und robuste Bauart machten sie zu unverwüstlichen Helfern bei der täglichen Arbeit

Drei Auslegervarianten wurden für den Yumbo-International 3984 angeboten: mechanischer Verstellausleger, Monoblock oder Ladeschaufel. Hier wurde der Bagger mit einer 1,3 m^3-Ladeschaufel zur Verladung von Geröll eingesetzt

Der 630 war der letzte direkte Nachfahre der Ur-Yumbos. Trotz aufgefrischter Optik, mit homogener Motorverkleidung und neuer Kabine, konnte der Bagger seine Wurzeln nicht ganz verleugnen

Aus dem Baggertyp 3994 wurde der 650 HD. Turbogeladene 161 PS gaben dem größten Bagger des International-Programms die Kraft, die er im rauen Baustellenalltag benötigte. Das Laufwerk entsprach der Bauart E 7 und war somit eine Nummer größer als das des 650 in Standardversion

Für den Yumbo-International 640 waren zwei Motorvarianten lieferbar (D-358 oder DT-358 turbo). Als Unterwagen standen die HD-Version oder, wie hier, die L-Version zur Verfügung. Die Maschine hatte so ein Einsatzgewicht von 20,2 Tonnen

Nach der Übernahme durch Dresser erschienen die Yumbo-Bagger in neuer Farbgebung. Der 645 wurde jedoch noch während der „Unabhängigkeits zeit" vor 1986 entwickelt. Wahlweise konnte ein Deutz BF 6L 913 oder einen Dresser D 359 TA Dieselmotor die Maschine antreiben

Die Bagger der neuen E-Serie, hier der je nach Ausstattung zwischen 11,5 und 13,5 Tonnen wiegende Mobilbagger W 625 E, setzte neue Maßstäbe in punkto Steuerungssysteme. Das LS-PPC Hydrauliksystem war die bis dahin modernste von Yumbo jemals entwickelte Baggersteuerung

Der Yumbo-Furukawa Raupenbagger 650 E-LC war der größte des damaligen Programms. Mit maximal 37,8 Tonnen Einsatzgewicht war er für viele schwere Aufgaben, besonders im Abbruch, konzipiert. Kleines Bild oben: Ein moderner Bagger mit kraftvollen Werten und guter Optik und dennoch keiner Zukunft. Der Yumbo-Furukawa 740 LS gehörte zu den letzten bis 2002 gebauten Hydraulikbaggern aus Lyon in Frankreich

Mehrkübelscraper

R. G. LeTourneau und andere Hersteller

von Rainer Oberdrevermann

Mit dem Stichtag 1. Mai 1953 verkaufte Robert Gilmour LeTourneau, über dessen höchst ungewöhnliche Maschinenentwicklungen in den unterschiedlichsten Ausführungen und Anwendungen wir bereits in der Ausgabe des Baumaschinen Jahrbuches 2001 viel Wissenswertes erfahren konnten, zwei seiner Werke in den USA sowie sein Werk in Australien an die Westinghouse Air Brake Company. Aus diesem Verkauf entstand die LeTourneau-Westinghouse Co., die ihrerseits Jahre später in Wabco umbenannt wurde und die die Entwicklung, den Bau und den Vertrieb der ursprünglichen LeTourneau-Erdbewegungsgeräte weiterführte. R.G. LeTourneau seinerseits verfolgte mit dieser Aktion in erster Linie das Ziel, sich durch diesen Verkauf ein genügend großes finanzielles Polster zu schaffen im Hinblick auf die von ihm geplante Entwicklung eines elektrischen Fahrantriebes für seine Spezialmaschinen. Schließlich konnte das „Elektrische Rad", nach anfänglichen Problemen technisch ausgereift, fünf Jahre später unter anderem auch als die Antriebsbasis für diverse neukonstruierte Erdbewegungsgeräte Verwendung finden. In diesem Zusammenhang war jedes einzelne Rad durchaus als eine unabhängige, eigenständige Antriebseinheit anzusehen, komplett mit Gleichstrommotor, Untersetzungsgetriebe, Felge und Reifen, gewissermaßen also als eine Zugmaschine in sich selbst. Diese Entwicklung wird übrigens bis zum heutigen Tag als einer der ganz wesentlichen Punkte innerhalb des Lebenswerkes von R.G. LeTourneau angesehen.

Einzig und allein Erdbewegungsgeräte aller Art durfte seine Firma allerdings vertragsgemäß erst ab dem Mai 1958 wieder in den ihr noch verbliebenen Werken bauen und zum Verkauf anbieten, im Gegensatz zu jeglichen anderen Maschinen, für deren Bau auch innerhalb dieses Zeitraums keinerlei Beschränkungen galten. R.G. LeTourneau vermutete später in seiner Autobiographie, dass diese Frist von Westinghouse in der festen Annahme gesetzt worden sei, dass er sich fünf Jahre später längst aus dem aktiven Berufsleben zurückgezogen haben würde und aus diesem Grund als potenzieller Wettbewerber keine Gefahr mehr für die neue Firma darstellen würde. Bei dieser Einschätzung handelte es sich um einen großen Irrtum, wie sich bald herausstellen sollte.

In dem Kaufvertrag war ebenfalls präzise festgeschrieben worden, dass der Name „LeTourneau", wie auch beispielsweise die geläufigen Bezeichnungen „LET" und „Tournapull", nach einer möglichen Wiederaufnahme der Produktion von Erdbewegungsgeräten nicht mehr als die Typen- oder Handelsbezeichnung für beliebige, von R.G. LeTourneau produzierte Maschinen dieser Gattung verwendet werden durfte. Der Käufer hatte alle entsprechenden Marketingrechte erworben. Auf der Suche nach einem anderen, eingängigen Warenzeichen für die neue Maschinenpalette wählte man zunächst den Slogan „AR-GEE", der als klangliche Umschreibung der Initialen „R.G." verstanden werden sollte. Auf diese Weise sollte aber gleichzeitig auch auf LeTourneau´s große Verdienste, insbesondere im Hinblick auf seine

Ein von LeTourneau gebauter Holzschlepper für den Einsatz in unwegsamem Gelände, der 1958 von „R.G." persönlich – und gleichzeitig als erste seiner Maschinen – im Rahmen einer kleinen Feierstunde mit dem gerade neu vorgestellten „AR-GEE"-Markenzeichen gekennzeichnet wird; man beachte auch die für diesen Hersteller fortan geradezu typische Anwendung von Zahnstange und Ritzel, hier genutzt für das Auf- und Abbewegen des Schubschildes

bahnbrechenden Entwicklungsarbeiten innerhalb des Bereiches der Maschinentechnik, hingewiesen werden. Von dieser Tätigkeit zeugen etwa 250 einschlägige Patente.

Ein hinter dem „AR-GEE"-Schriftzug auf dem neuen Zeichen sichtbarer Blitz stand hier symbolisch für den neu entwickelten elektrischen Radnaben-Einzelradantrieb, um den von 1958 an alle von LeTourneau neu konstruierten Maschinen sozusagen herumgebaut wurden. Denn der Elektroantrieb war durchaus als zentraler Punkt eines jeden einzelnen dieser Geräte anzusehen. Wenig später wurde die Bezeichnungsweise erweitert zu „An AR-GEE Design". Auch diese Benennung für die gesamte Modellreihe war allerdings nur sehr kurzlebig. Denn bereits im Jahr 1960 wurde der Begriff „Pacemaker" als universell gültige Bezeichnung für alle neuen LeTourneau-Erdbewegungsgeräte eingeführt. Aber bereits ab dem Ende des Jahres 1964 begann auch diese Bezeichnung dann wieder außer Gebrauch zu kommen, und rund ein Jahr später war sie vollständig von der Bildfläche verschwunden. Wesentlich länger hielt sich der Handelsname „Electric Digger" für die elektrisch angetriebenen Scraper, der bereits ab Ende 1958 offiziell in Gebrauch kam.

Zunächst folgen einige Informationen zur Entwicklungsgeschichte der Electric Digger Scraper, allerdings entsprechend der Vorgabe in der Überschrift eingeschränkt ausschließlich auf die Mehrkübelscraper. Nach dem Bau einiger Prototypen markierte in der Tat die Vorstellung des von R.G. LeTourneau gebauten L-50 im Jahr 1959 den Beginn der Electric Digger-Baureihe. Einer dieser erwähnten Prototypen war der L-130 mit einer für die damalige Zeit höchst bemerkenswerten Kapazität von 130 Tonnen.

Hierzu eine Episode am Rande: Zur Zeit der Vorstellung dieses Scrapers wurde in den Vereinigten Staaten gerade ernsthaft darüber diskutiert, ob man einen zweiten, diesmal allerdings auf Meeresniveau befindlichen Panamakanal bauen solle. R.G. LeTourneau reiste daraufhin kurzerhand selber in dieses Land, um sich an Ort und Stelle ein Bild über die Verhältnisse im Verlauf der vorgesehenen Trasse zu machen. Anschließend kalkulierte er, dass genau 86 Exemplare des L-130 Zweikübelscrapers bei einem Einsatz rund um die Uhr ausreichen würden, um die erforderlichen Erdbewegungsarbeiten innerhalb eines Zeitraumes von nur einigen wenigen Jahren auszuführen. In diesem Zusammenhang schlug er sogar vor, ein eigenes Werk in Panama speziell für den Bau dieser Geräte zu errichten. Dies wäre sicherlich eine Großbaustelle nach seinem Geschmack gewesen!

Zurück zum L-50: Dieser setzte sich aus zwei miteinander gelenkig über eine Deichsel verbundenen Schürfkübeln zusammen, die auf insgesamt acht Rädern rollten. Angetrieben wurden diese allesamt über separate Elektromotoren in den Radnaben. Der benötigte Strom wurde von dem Generator aus, der seinerseits von einem 600 PS leistenden Dieselmotor angetrieben wurde, über Kabel an alle Verbraucher verteilt. Bei diesem Gerätetyp handelte es sich um den ersten, mit dem neuen elektrischen Antriebssystem versehenen Scraper, der in einigen wenigen Exemplaren kommerziell auf Baustellen zum Einsatz gekommen ist. Es stellte sich heraus, dass der L-50 tatsächlich in der Lage war, sich – im Gegensatz zu allen anderen seinerzeit auf dem Markt befindlichen Scrapern – ohne fremde Schubhilfe gehäuft selbst zu beladen.

Ein großer Vorteil des Elektroantriebs lag darin, dass im Augenblick des Anfahrens alle Elektromotoren absolut synchron anliefen. Dieser Effekt war bei mechanischen Antrieben mit mehreren Motoren kaum zu erreichen, so dass sich oftmals ein Rad bereits in weichem Boden festgefahren hatte, bevor die anderem ihm „zu Hilfe" kommen konnten. An dieser Stelle sei auch darauf hingewiesen, dass der elektrische Antrieb natürlich aus konstruktiver Sicht auch den Vorteil brachte, dass bedingt durch die ausschließlich über Kabel erfolgende Stromübertragung so viele Motoren und Generatoren wie erforderlich an beliebigen Stellen auf dem Scraper installiert werden konnten. Hierbei musste keinerlei Rücksicht auf mechanische Antriebsübertragungselemente irgendwelcher Art genommen werden, wie z. B. Kupplungen, Drehmomentwandler, Getriebe, Kardanwellen und Differentiale. Es zeigte sich allerdings auch immer wieder, dass R.G. LeTourneau das rein optische Erscheinungsbild seiner Geräte offensichtlich recht gleichgültig war. Selbst einfache Abdeckbleche hielt er wohl für überflüssig, da sie nur Ballast darstellen und so das Gewicht der Maschine unnötig erhöhen würden. Für ihn zählte in aller Regel ausschließlich die mechanische Funktionalität des Gesamtgerätes.

Die Baureihe des L-60 Electric Digger Scrapers wurde erstmals 1960/61 angeboten. Auch diese Geräte waren aus zwei Kübeln zusammengesetzt, die ebenfalls über eine Deichsel und über eine entsprechende Kupplung gelenkig miteinander verbunden waren. Der Führerstand befand sich bei dieser Bauform über der Vorderachse des vorderen Kübels. Eine hervorstechende Eigenschaft war auch hier der Allradantrieb, ermöglicht durch einen Elektromotor in jeder Radnabe. Im Gegensatz zu seinem Vorgängermodell, dem mit nur einem Motor ausgerüsteten L-50 Electric Digger, handelte es sich bei dem L-60 bereits um einen Doppelmotorscraper, ausgerüstet mit zwei Motoren à 475 PS. Hierdurch konnte den Elektromotoren während des Schürfens noch mehr Kraft zur Verfügung gestellt werden. Einige Exemplare dieses Typs konnten verkauft werden. Sieben Einheiten wurden beispielsweise ab Herbst 1963 beim Bau des San-Luis-Kanals in Kalifornien erfolgreich eingesetzt.

Im Jahr 1964 gestaltete LeTourneau den L-60 konstruktiv um. Eine direkt ins Auge fallende Änderung betraf den Fahrerstand, der von seiner ursprünglichen Position nun mehr nach hinten bis über die Hinterräder des vorderen Scrapers verlegt worden war. Dies geschah vermutlich aus der Überlegung heraus, den Fahrer mehr in der Mitte der Einheit zu platzieren und ihm so einen besseren Überblick über beide Kübel, speziell während des Ladens und Entleerens, zu ermöglichen.

R.G. LeTourneau L-60 Doppelmotorscraper der ersten Serie im Einsatz beim Bau des San-Luis-Kanals in Kalifornien im Jahr 1963; der Steuerstand ist hier noch weit vorne über der ersten Achse angeordnet; auf einen Schubtraktor kann in Anbetracht des Allradantriebes verzichtet werden

Durch Ankuppeln eines dritten Schürfkübels, möglich durch ein mechanisches Verbinden und daran anschließendem Herstellen der notwendigen Kabelverbindungen, konnte das Gerät recht schnell und unkompliziert zum L-90 erweitert werden. Die Zugeinheit alleine ohne angehängte(n) Kübel wurde mit L-30 bezeichnet. Zum Erreichen einer Transportgeschwindigkeit von bis zu 32 km/h im beladenen Zustand konnten L-90 Scraper mit vier Motoren von zusammen bis zu 1 900 PS Leistung ausgerüstet werden. Vorgestellt wurde dieses höchst ungewöhnliche Erdbewegungsgerät im Mai 1964.

Auch der L-60 Scraper der Folgegeneration, ebenfalls elektrisch angetrieben und mit zwei Kübeln ausgestattet, rollte auf acht Rädern; aus dieser rückwärtigen Perspektive gut zu erkennen ist die Zahnstange, die, über ein Ritzel angetrieben, die Ausstoßplatte des hinteren Scraperkübels vor- und zurückbewegt

Aus der hohen installierten Motorleistung resultierte auch ein sehr hohes, während des Schürfens an allen Rädern zur Verfügung stehendes Drehmoment. Dies ermöglichte einerseits die von LeTourneau erwünschten Selbstladeeigenschaften in nahezu allen Materialen. Gleichzeitig lag aber auch die zu erzielende Schürfgeschwindigkeit von 10 km/h bis zu ihrem sechsfachen Wert über derjenigen von den in konventioneller Weise durch Dozer geschobenen Scrapern. In diesem Zusammenhang verfolgte LeTourneau nun das Ziel, den Effekt der Massenträgheit für seine Zwecke zu nutzen. Konkret schwebte ihm dabei vor, durch eine außergewöhnlich hohe Schürfgeschwindigkeit die Massenträgheit des Schürfgutes so weit zu erhöhen, und zwar bis auf das 36-fache des ursprünglichen Wertes, dass es beim Schürfen in den Kübel regelrecht „hineinfließen" musste. Denn aufgrund seines nun viel höheren Beharrungsvermögens war dem Schürfgut gar nicht mehr die Möglichkeit gegeben, dem sich nähernden Kübel auszuweichen oder sich vor der Scraperschneide anzuhäufen. Diese physikalische Gesetzmäßigkeit hatte er bereits zuvor durch Berechnungen und Versuche in Theorie und Praxis nachgewiesen. Er bezeichnete diesen Vorgang als „Inertia-Loading", also, sinngemäß übersetzt, als „Schürfen mit hoher Geschwindigkeit unter Ausnutzung der Trägheit des Ladegutes".

Diese ersten Scraper der neuen Baureihe besaßen in der Bauform des L-30 sechs, in der des L-60 acht und in der des L-90 zwölf relativ kleine Reifen mit einem Durchmesser von 1,8 m. Wenig später stellte LeTourneau, ebenfalls unter der Bezeichnung L-90, eine sehr ähnlich wirkende Variante mit gleicher Kübelgröße vor, die sich hauptsächlich dadurch von den ursprünglichen Modellen der L-Baureihe unterschied, dass der Scraper nun auf größeren Reifen rollte. Bedingt durch deren höhere Belastbarkeit konnte die Anzahl der Räder auf lediglich noch vier bei einem Kübel, sechs bei zwei Kübeln bzw. acht bei drei Kübeln reduziert werden. Die Reifen besaßen einen Durchmesser von 2,50 m.

Bei den Geräten der Reihe L-30, L-60 und L-90 handelte es sich übrigens um die einzigen der von R.G. Le Tourneau nach der Wiederaufnahme der Produktion von Erdbewegungsgeräten entworfenen und gebauten Scraper, die überhaupt in nennenswerten Stückzahlen produziert, an einige Baufirmen verkauft und auf Erdbaustellen unter Beachtung wirtschaftlicher Gesichtspunkte zum Einsatz gebracht werden konnten. Dieser Typenreihe stand eine Vielzahl weiterer, von LeTourneau entworfener und gebauter Scraper und insbesondere von Prototypen gegenüber, die bei potentiellen Kunden zwar durchaus auf anfängliches Interesse stießen, letztendlich aber dennoch keinerlei Akzeptanz fanden. Wenn man alle seine seit 1958 gebauten Erdbewegungsgeräte insgesamt betrachtet, kann man daher wahrlich nicht gerade von einem großen kaufmännischen Erfolg sprechen. Diese Aussage trifft leider nicht zuletzt auch auf die L-Baureihe der Electric Digger zu.

Wahrscheinlich wird es den meisten Lesern gar nicht unbedingt bekannt sein, dass zwei der von der R.G. LeTourneau Co. gebauten Electric Digger Scraper, nämlich ein L-90 und ein L-60, in den Sechziger- und Siebzigerjahren tatsächlich auch auf einigen Baustellen in Deutschland anzutreffen waren. Dieser Umstand ist durchaus als erstaunlich zu bezeichnen, da von den Electric Digger Mehrkübelscrapern nur einige wenige Dutzend überhaupt bei Kunden zum Einsatz gekommen sind und dies noch zusätzlich fast ausnahmslos in den Vereinigten Staaten.

Zunächst war es ein fabrikneuer L-90 Electric Digger, der ab dem Januar 1966 erstmals in Deutschland eingesetzt wurde. Nach meinem Kenntnisstand handelte es sich hierbei sogar überhaupt um den einzigen Scraper dieses Typs, der aus den USA seinen Weg nach Europa gefunden hat. Dieser war von dem damaligen deutschen Bauunternehmen Josef Stewering und Söhne erworben worden, um Verbreiterungsarbeiten am Nord-Ostsee-Kanal im Bereich des Grünenthaler Einschnitts in der Gegend von Rendsburg mit diesem Großgerät möglichst kostengünstig durchführen zu können.

Dieser Einsatz hierzulande war umso bemerkenswerter, als diese Maschinen selbst in den Vereinigten Staaten keine allzu große Akzeptanz bei potentiellen Kunden gefunden haben und demzufolge, wie bereits angesprochen, überhaupt nur in ausgesprochen bescheidenen Stückzahlen gebaut worden sind. Sicherlich noch viel seltener wurden sie nach Übersee exportiert. Bei diesen Scrapern handelte es sich tatsächlich von ihrem grundsätzlichen konstruktiven Aufbau und damit auch von ihrem optischen Erscheinungsbild her, zusätzlich aber auch in Anbetracht ihrer Größe, um ausgesprochen ungewöhnliche Geräte.

Im Rahmen dieses Auftrages waren über eine Länge von 3 km mehr als 1,8 Millionen Kubikmeter an Erdreich am Kanalrand auf einer Breite von 60 bis

Einer der ersten Entwicklungsschritte hin zu dem später sehr populär gewordenen Caterpillar Push-Pull-System, fotografiert im Jahr 1965, zu jener Zeit wurde diese Einrichtung allerdings noch nicht so bezeichnet; sie war noch nicht ausgereift und machte daher einen alles in allem noch wenig gebrauchstauglichen Eindruck

70 m abzutragen und umzusetzen. Es verdient festgehalten zu werden, dass es sich bei dem L-90 um das buchstäblich einzige größere Erdbewegungsgerat auf der gesamten Baustelle handelte – abgesehen von einer Caterpillar D4 Raupe, die für allgemeine Aufgaben zum Einsatz kam und nach einiger Zeit durch eine D8 des gleichen Herstellers ersetzt wurde. Der Scraper mit seinen acht großen Rädern war in der Lage, bei Vorliegen guter Einsatzbedingungen stündlich über eine Entfernung von etwa 500 m im Schnitt 700 bis 800 m^3 zu transportieren.

Erwähnenswert ist, wie es zum Kauf des L-90 kam. Bereits frühzeitig strebte der Vater des Besitzers der heutigen Baufirma Klaus Stewering – die allerdings in keiner Weise die Rechtsnachfolgerin der damaligen Firma Josef Stewering und Söhne ist – danach, Erdarbeiten durch den Einsatz von entsprechend großen und damit leistungsfähigen Geräten möglichst wirtschaftlich zu gestalten. Während eines Aufenthaltes in den Vereinigten Staaten im Jahr 1965 besuchten er sowie seine zwei Begleiter zunächst Caterpillar und ließen sich Scraper im Einsatz vorführen. Denn seinerzeit erwog die Baufirma Stewering und Söhne den Kauf einiger Geräte in der Größenklasse des Cat 641 oder sogar des Typs 651, die in Deutschland zum Einsatz kommen sollten. Man erkannte jedoch schnell, dass bei dieser Scrapergröße eine Schubunterstützung durch zwei Raupen in der Größenordnung der Caterpillar D9 zwingend erforderlich war, da lediglich ein Schubtraktor alleine nicht ausreichte, um den Kübel unter wirtschaftlichen Gesichtspunkten überhaupt füllen zu können. Vorgestellt wurde den deutschen Kaufinteressenten, angebaut an zwei 657 Doppelmotorscraper, auch eine frühe Version des Push-Pull-Systems, das erst Jahre später in stark verbesserter Form auf den Markt kommen sollte. Hierbei handelte es sich um ein in vertikaler Richtung innerhalb eines vorgegebenen kleinen Bereiches beweglich gestaltetes, deichselartiges Verbindungsteil in der Form eines Dreiecks, das die während des Betriebes auftretenden Zug- und Druckkräfte übertragen konnte. Zusammengeschweißt worden war es aus Profilen und Flacheisen. Befestigt war dieses am Zugkopf des hinteren Scrapers und mit der Spitze an der anderen Seite konnte es in einer speziellen Kupplung, die am vorderen Scraper befestigt war, mechanisch arretiert werden. Auf diese Art übernahm dann wechselweise jeweils einer der beiden während des Schürfens miteinander verbundenen Scraper die Funktion des Pushers. In der vorgestellten Form allerdings konnte das System zum damaligen Zeitpunkt und im praktischen Einsatz die Fachleute noch nicht überzeugen.

Anschließend ging die Reise nach Texas zum Hauptsitz der Firma LeTourneau. Man wollte den Electric Digger Mehrkübelscraper im Einsatz begutachten, um sich ein Bild über dessen Leistungsfähigkeit im Vergleich zu den Wettbewerbsgeräten machen zu können. In Begleitung von R.G. LeTourneau persönlich führte die Reise in dessen Privatflugzeug zu verschiedenen Erdbaustellen. Die deutschen Experten erkannten schnell, dass der L-90 problemlos und auch durchaus schnell zu beladen war, und dies ohne jegliche fremde Schubunterstützung. Diese Erkenntnis gab schließlich den Ausschlag und in Form des L-90/8 wurde ein Dreikübelscraper bestellt. Hätte seinerzeit bereits ein besser funktionierendes Push-Pull-System aus dem Hause Caterpillar zur Verfügung gestanden, so wäre die Kaufentscheidung möglicherweise anders ausgefallen. Den Besuchern bot sich übrigens sogar die einzigartige Gelegenheit, den riesigen LT-360 Scraper im realen Einsatz zu beobachten; von diesem Giganten wird einige Seiten weiter ausführlicher die Rede sein.

Die Zahl 8 in der erweiterten Typenbezeichnung weist übrigens auf die Anzahl der Räder hin. Der L-90 wurde, wie bereits erwähnt, als L-90/12 auch mit zwölf Rädern gebaut, aber ebenfalls als L-90/7. In dieser Bauform besaß er lediglich ein einziges lenkbares, mittig angeordnetes Vorderrad mit quer vor diesem angeordneten Dieselaggregat. Hierdurch sollte vor allem sein doch recht groß geratener Wenderadius reduziert und allgemein seine Manövrierfähigkeit verbessert werden. Weiter konnte auf den Einbau einer vorderen Pendelachse verzichtet werden.

Beim näheren Betrachten der privaten Fotos des LT-360 auf der Seite 6 dieses Artikels fällt auf, dass die Aufnahmen offensichtlich an demselben Einsatzort entstanden sind wie das offizielle Foto desselben Gerätes auf der Seite 18 dieses Artikels und wie auch einige wenige weitere ähnliche Fotos, die zwischenzeitlich in dem einen oder anderen Fachbuch veröffentlicht wurden. Diese Tatsache ist andererseits so überraschend nicht, da es ja überhaupt nur diesen einen echten Einsatz des LT-360 unter den realen Bedingungen einer Baustelle gegeben hat, wenn dieser auch seitens der Firma LeTourneau, was die Erdarbeiten betrifft, vollständig in eigener Regie durchgeführt wurde. Insofern ist es nur einleuchtend, dass alle Fotos an ein und derselben Stelle entstan-

Foto des LeTourneau LT-360, zu sehen ist er auf einer Autobahnbaustelle in den USA, bei deren Ausschreibung R.G. LeTourneau hauptsächlich deshalb ein sehr niedriges Angebot abgegeben hatte, um nach der erhofften Vergabe des Auftrages an seine Firma erstmals eine wirkliche Einsatzmöglichkeit und damit auch Vorführmöglichkeit für seine Großscraper gegenüber potentiellen Kunden zur Verfügung zu haben (siehe auch das Bild des LT-360 auf Seite 18 dieses Artikels)

Ein weiteres Einsatzfoto des LeTourneau LT-360, aufgenommen auf der gleichen Baustelle; man erkennt die teleskopartige Bauweise des Kübels; im Hintergrund ist das Steuerfahrzeug des möglicherweise einzigen überhaupt gebauten L-90/7 Electric Digger mit seinem einzelnen Vorderrad zu erkennen; dieser Scraper rollte auf insgesamt sieben Rädern

Fotos: Klaus Stewering

den sein müssen. Obwohl sie nicht so ganz zu dem Thema dieses Beitrags passen, möchte ich an dieser Stelle dennoch kurz auf zwei außergewöhnliche Geräte eingehen. Diese konnten ebenfalls anlässlich der bereits erwähnten, von der Firma LeTourneau für deutsche Kaufinteressenten organisierten Besichtigungstour in den USA bestaunt werden, die im Jahr 1965 stattgefunden hat.

Zum einen war dies einer der nur sehr wenigen von LeTourneau gebauten Radlader des Typs SL-40. Geräte dieses Typs wiesen bei einer Gesamtlänge von mehr als 16 m einen Schaufelinhalt von immerhin 18,4 m^3 auf, rekordverdächtig für die damalige Zeit. Während des Betriebes werden sich diese Radlader allerdings trotz der vorhandenen Knicklenkung in Anbetracht ihrer Länge nicht gerade durch eine besondere Wendigkeit ausgezeichnet haben. Hervorzuheben ist auch im Fall des SL-40 die konsequente Anwendung des Prinzips von Zahnstange und per Elektromotor angetriebenem Ritzel zur Steuerung aller Bewegungen, selbstverständlich mit Ausnahme des elektrischen Fahrantriebes.

Bei dem anderen Gerät demgegenüber handelte es sich um einen, im Vergleich zu dem gerade erwähnten Radlader, in etwas größeren Stückzahlen von LeTourneau produzierten „Tree Crusher", der auch als „Jungle Crusher" bezeichnet wurde. Dieser Maschinentyp ist, versehen mit einer Vielzahl von geschärften Stahlklingen an den Walzen, ursprünglich für das möglichst kostengünstige Umwandeln von Urwaldflächen in Nutzland entwickelt worden. Eines dieser dreirädrigen Ungetüme, ein Modell G-80 mit einem Einsatzgewicht von etwa 65 Tonnen, konnte von den Besuchern sogar im regulären Einsatz beim Roden eines Waldstückes beobachtet werden. Seine Walzen hatten einen Durchmesser über die Messer von 2,1 m und eine Breite von 3 m. Andere Typen besaßen bei einem Gewicht von sogar bis zu 170 Tonnen lediglich zwei, dafür aber erstaunliche 6 m breite Walzen.

Die Baustellenmontage des L-90 Scrapers erfolgte nicht direkt an der vorgesehenen Einsatzstelle am Kanal, sondern vielmehr einige Kilometer entfernt. Nach abgeschlossenem Zusammenbau musste er anschließend über öffentliche Straßen und Feldwege dorthin transportiert werden. Hierbei erwies sich eine Kurve als zu eng für den 38 m langen Zug und in Folge dessen rutschten die beiden rechten Räder der Steuereinheit in den Straßengraben und versanken zusätzlich noch im dort anstehenden Sand, was zu einer starken Schräglage des vorderen Scrapers führte. Versuche, das Gerät unter Zuhilfenahme von mehreren Lkw rückwärts aus dem Graben herauszuziehen, führten in Anbetracht seines hohen Gewichtes nicht zum Erfolg. So blieb nichts anderes übrig, als in einer vielstündigen und sehr aufwendigen Aktion die beiden im Graben festsitzenden Reifen durch ein wechselweises Niederdrücken des Kübels und anschließendes Hinterfüllen mit Sand jeweils zentimeterweise anzuheben. Aber schließlich war es geschafft, und der weitere Anmarsch verlief dann ohne Probleme.

Der L-90 bestand eigentlich aus drei aneinander gekuppelten, fest miteinander verbundenen Schürfkübeln. Im Bedarfsfall konnte die vordere Einheit separat eingesetzt werden (in diesem Fall als L-30 bezeichnet). Wenn an diese einer der beiden verbliebenen Schürfkübel angehangen wurde, so entstand der L-60. Die Bezeichnungen L-30, L-60 bzw. L-90 standen für die Tragfähigkeit der jeweiligen Einheit in US-Tonnen.

Der Dreikübel-Scraper war dieselelektrisch angetrieben durch vier GM-12-Zylinder-Aggregate mit einer Leistung von je 475 PS. Die Gesamtleistung belief sich demzufolge auf 1900 PS. Jeweils ein Wechselstrom- und ein Gleichstromgenerator waren direkt mit jedem der Dieselmotoren verbunden. Die Gleichstromgeneratoren erzeugten den Strom für den Antrieb der acht Räder. Die Wechselstromgeneratoren ihrerseits trieben die verschiedenen Elektromotoren an, die für die Lenkung, zum Anheben und kraftschlüssigen Senken der Kübel, zum Bewegen der Schürze, die den gefüllten Scraper nach vorne hin abschließt, und für das Betätigen der Ausstoßerplatten vorgesehen waren, die auf der Kippe das Erdreich aus dem Kübel herausdrückten. Für R.G. LeTourneau stand es übrigens völlig außerhalb jeglicher Diskussion, dass in den aufgeführten Anwendungsfällen die Motorkraft auf elektro-mechanischem Weg unter Anwendung von Zahnstange und Ritzel übertragen zu werden hatte. Denn die Option der hydraulischen Kraftübertragung existierte für ihn bis gegen Ende der Sechzigerjahre nicht.

Bedingt dadurch, dass alle Räder angetrieben waren, konnte das Gerät Material unter fast allen Bedingungen ohne die Unterstützung durch eine Schubraupe laden. Dies galt sogar für recht hartes, felsiges Material. Wenn eines der Räder begann, aufgrund schlechter Bodenverhältnisse durchzudrehen, so fiel sein Strombedarf stark ab und in Folge dieses

LeTourneau Großradlader SL-40, hier als Besonderheit ausgerüstet mit einer um ihre seitlichen Befestigungspunkte drehbar gelagerten Schaufel anstelle der sonst üblichen Kippschaufel; dies stellte möglicherweise einen Versuch dar, auf diese Weise den Nachteil der bei der Kippschaufel ziemlich geringen Auskipphöhe von lediglich 3,3 m zu kompensieren

Von LeTourneau gebauter „Jungle Crusher", der zum möglichst effizienten Niederwalzen von großen Waldbeständen konstruiert worden war; eine Person steht als geradezu idealer Größenvergleich neben einer der beiden vorderen Walzen; das Lenken erfolgt mittels Knicklenkung über eine dritte Walze am Heck der Maschine

Zeitungsbild, das trotz der aus drucktechnischen Gründen nicht optimalen Qualität deutlich die Situation des im Graben festsitzenden und mit seinem Steuerfahrzeug seitlich abgesackten L-90 Scrapers zeigt

Fotos: Klaus Stewering

Der auf dieser Abbildung offensichtlich in Reparatur befindliche L-60 Scraper mit zwei Kübeln, der hinter dem L-90 mit seinen drei Kübeln abgestellt ist; ein zwischen den beiden Scrapern zu erkennender VW Käfer gibt einen eindeutigen Hinweis auf die Größenverhältnisse

L-60 Scraper, hier zu sehen mit angehobener Vorderachse; man kann die große, ausschließlich durch Zahnstange und Ritzel übertragene Kraft erahnen, die normalerweise allerdings selbstverständlich im umgekehrten Sinn zum Anheben des Kübels bzw. zum kraftschlüssigen Eindringen der Schneide in das zu schürfende Material vorgesehen war

Blick auf den L-90 aus höherer Warte in der von ihm selbst ausgehobenen Grube; der nicht gerade geringe äußere Wenderadius beträgt 25,3 m; zu erkennen sind verschiedene Details wie die über einen Zahnkranz zu aktivierende mechanische Lenkung und die nach dem gleichen Prinzip arbeitenden Hubvorrichtungen für Kübel und Schürze

Noch befindet sich der L-90 in Kurvenfahrt, wie man unschwer an der Position des hinteren Kübels erkennen kann, doch schon hat der Fahrer die Schneide des Steuerfahrzeugs abgesenkt und der Schürfvorgang kann beginnen

Detailaufnahme des vorderen Kübels des L-90, hier in Seitenansicht zu sehen und noch in Schürfstellung, kurz vor dem Schließen der Schürze und dem daran anschließenden Anheben des bereits gehäuft gefüllten Kübels

Der auf dieser Abbildung offensichtlich in Reparatur befindliche L-60 Scraper mit zwei Kübeln, der hinter dem L-90 mit seinen drei Kübeln abgestellt ist; ein zwischen den beiden Scrapern zu erkennender VW Käfer gibt einen eindeutigen Hinweis auf die Größenverhältnisse

L-60 Scraper, hier zu sehen mit angehobener Vorderachse; man kann die große, ausschließlich durch Zahnstange und Ritzel übertragene Kraft erahnen, die normalerweise allerdings selbstverständlich im umgekehrten Sinn zum Anheben des Kübels bzw. zum kraftschlüssigen Eindringen der Schneide in das zu schürfende Material vorgesehen war

Der L-90 Dreikübelscraper in schneller Fahrt auf dem Weg zur Schürfstelle; der Begriff der Schnelligkeit ist bei diesem Gerät allerdings ein wenig zu relativieren angesichts der doch recht bescheidenen Höchstgeschwindigkeit des Scrapers von lediglich 32 km/h, die er zudem lediglich unter optimalen Baustellenbedingungen erreichen konnte

LeTourneau L-90 Electric Digger, dessen Reifen für diesen Einsatz beim Bau der Autobahn Koblenz-Trier mit RUD Reifenschutzketten ausgerüstet wurden; derartige Ketten waren unter den gegebenen Bedingungen zur Vermeidung von durch das scharfkantige Gestein hervorgerufenen Beschädigungen an der Bereifung erforderlich

Effektes konnten automatisch die Räder, die in diesem Moment über eine bessere Bodenhaftung verfügten, mehr Strom aufnehmen, was bei diesen zu einem höheren zur Verfügung stehenden Drehmoment führte. So stand ständig an allen bzw. gegebenenfalls an den meisten der Räder ein maximales Antriebsmoment zur Verfügung. Andererseits konnte ich bei einer Gelegenheit beobachten, dass bei allerdings sehr rutschigen Bodenverhältnissen an einer leichten Steigung alle acht Räder gleichzeitig durchdrehten und so überhaupt kein Antriebsmoment mehr auf den Boden übertragen werden konnte. In diesem Fall war die Unterstützung durch eine auf der Baustelle vorhandene Hanomag Raupe die einzige Rettung.

Während des Betriebes liefen die Dieselmotoren ständig mit einer konstant hohen Umdrehungszahl, was sicherlich einen positiven Einfluss auf deren Lebensdauer hatte. Andererseits wurde durch diesen Umstand verständlicherweise der Kraftstoffverbrauch in seiner Höhe nicht gerade positiv beeinflusst. Zum stufenlosen Regeln der Fahrgeschwindigkeit von bis zu 32 km pro Stunde sowie zum Wählen der Fahrtrichtung, ebenso wie für das verschleißfreie elektrische Bremsen musste der Fahrer in der Kabine lediglich ein Potentiometer betätigen. Zusätzlich war aus Sicherheitsgründen eine mechanisch wirkende Notbremse eingebaut. Alle weiteren Funktionen, wie beispielsweise das Lenken und das Betätigen der unterschiedlichen Funktionen des Kübels, wurden lediglich durch das mit den Fingerspitzen mögliche Betätigen von elektrischen Schaltern ausgelöst. Der Fahrer saß in der erhöhten Kabine quer zur Fahrtrichtung, da er nur auf diese Weise die drei Kübel relativ bequem im Blickfeld behalten konnte.

Die Breite des L-90 über alles betrug 3,7 m. Aufgrund seines Antriebes zusammen mit der installierten Motorkraft war der Scraper in der Lage, seine Nenn-Nutzlast von 90 Tonnen innerhalb von 45 Sekunden aufzunehmen. Bei einem Platzbedarf von mehr als 25 m, die er für eine komplette 180-Grad-Wende benötigte, war eine umfassende Planung der Baustelle allerdings in jedem Fall zu empfehlen, um später keine unliebsame Überraschung zu erleben. Sein Leergewicht lag übrigens bei 115 Tonnen.

Nach erfolgreichem Abschluss des ersten Einsatzes wurde der L-90 auseinandergebaut und auf der Straße per Tieflader weit in den Süden der Republik

Trasport des L-90 Scraperzuges über öffentliche Straßen zu einer neuen Einsatzstelle innerhalb des Bauloses, hier zu sehen im Zentrum des Ortes Westensee; hätte es doch eine Möglichkeit gegeben, Augenzeuge bei dieser ungewöhnlichen Aktion zu sein!
Foto: Klaus Stewering

Blick auf den L-90 aus höherer Warte in der von ihm selbst ausgehobenen Grube; der nicht gerade geringe äußere Wenderadius beträgt 25,3 m; zu erkennen sind verschiedene Details wie die über einen Zahnkranz zu aktivierende mechanische Lenkung und die nach dem gleichen Prinzip arbeitenden Hubvorrichtungen für Kübel und Schürze

Noch befindet sich der L-90 in Kurvenfahrt, wie man unschwer an der Position des hinteren Kübels erkennen kann, doch schon hat der Fahrer die Schneide des Steuerfahrzeugs abgesenkt und der Schürfvorgang kann beginnen

Detailaufnahme des vorderen Kübels des L-90, hier in Seitenansicht zu sehen und noch in Schürfstellung, kurz vor dem Schließen der Schürze und dem daran anschließenden Anheben des bereits gehäuft gefüllten Kübels

L-60 Scraper, der auf acht Reifen rollt, und der auf dieser Aufnahme ebenfalls mit zwei Schürfkübeln ausgerüstete L-90, dessen hinterer Kübel sich gerade ohne die Hilfe eines Pushers selbst belädt; beide Schürfzüge räumen in der gleichen Grube Abraummaterial beiseite und legen so eine Bimslagerstätte frei

Ansicht des L-90, in diesem Fall mit zwei Kübeln und noch in Originallackierung und mit dem „Electric Digger"-Schriftzug; die Schürzen sind für das anschließend folgende Beladen bereits weit geöffnet; gut zu sehen sind die Dieselmotoren und die Generatoren

Blick auf den L-90 während des Schürfens; der mittlere Kübel ist abgesenkt zum schnellen Laden von etwa 30 Tonnen Abraummaterial, während der vordere Kübel bereits gehäuft mit Erdreich gefüllt ist

bis in die Gegend des Starnberger Sees transportiert. Dort führte er Erdarbeiten für den Bau einer Autobahn durch. Es folgte eine weitere Autobahnbaustelle, diesmal zwischen Koblenz und Trier gelegen, in deren Verlauf er gegen Ende der Sechzigerjahre hauptsächlich felsiges Schiefermaterial zu laden hatte. Aus diesem Grund musste jeder seiner jeweils rund 2,5 m hohen Reifen mit einer von der Firma RUD speziell hergestellten Reifenschutzkette vor den messerscharfen Steinen geschützt werden.

Weitere Einsätze folgten im Rahmen des Baus der BAB Kiel-Neumünster sowie in der Gegend von Iserlohn im Sauerland. Bei der Planung eines betriebsbedingt erforderlichen Umsetzens des L-90 an eine andere Stelle innerhalb des Erdloses im Norden Deutschlands in der Gegend von Blumenthal erwies es sich schnell, dass der bei weitem kürzeste Transportweg nicht in Frage kam, da eine Flussbrücke aufgrund des hohen Leergewichtes und der Maße des Scrapers nicht befahren werden konnte. Als einzige Alternative zu einem sehr kosten- und zeitaufwendigen Auseinanderbauen des Gerätes blieb nur der Transport über öffentliche Straßen auf den eigenen acht Rädern übrig und dieses über eine Strecke von etwa 20 km. Das Ereignis fand im Januar 1971 statt. Unter Begleitung von mehreren Polizeifahrzeugen verlief die Aktion zum Glück ohne größere Komplikationen.

Sein letzter Einsatz, der im Jahr 1972 begann und sich über eine ganze Reihe von Jahren erstreckte, bestand in dem Entfernen der Abraumschicht über einem Lager aus Bimsgestein nahe der Ortschaft Kruft, nördlich von Koblenz gelegen. Dieses wurde anschließend mit Hilfe von kleineren Weserhütte Schleppschaufelbaggern des Typs W9 abgebaut.

Auf dieser Baustelle erhielt der L-90 gegen Ende des Jahres 1972 Hilfestellung von einem weiteren von LeTourneau hergestellten Electric Digger, nämlich einem L-60 mit zwei Kübeln, zwei Motoren und insgesamt acht, allerdings im Vergleich zu denen des L-90 kleineren Rädern. Dieser Scraper konnte als Gebrauchtmaschine für den speziellen Einsatz in der Abraumbeseitigung kurzfristig von einer Firma im Süden von England erworben werden. Dort war er zuletzt auf dem Lagerplatz eines Kraftwerkes zum Umsetzen von Kohlehalden eingesetzt gewesen. Ver-

An dem elektrischen System der Steuereinheit des L-90 werden umfangreichere Reparaturarbeiten vorgenommen; zu erkennen ist nach erfolgter Demontage des Rades die Nabe, in der der Elektromotor für den Antrieb des Rades verborgen ist; die Übertragung des durch diesen erzeugten Drehmomentes auf die Felge erfolgt über ein Planetengetriebe; die beiden Arbeiter liefern einen überzeugenden Größenvergleich

Hier ist es der hintere Kübel des L-90, der reparaturbedingt vorübergehend außer Betrieb gesetzt werden musste; in dieser Situation war er aber offensichtlich nicht, wie ansonsten üblich, vom übrigen Scraper getrennt worden, um zumindest diesem den Weiterbetrieb zu ermöglichen; auch am Dieselmotor scheinen Wartungs- oder Reparaturarbeiten durchgeführt werden zu müssen mutlich handelte es sich bei diesem Gerät, analog dem L-90 in Deutschland, um den einzigen Electric Digger Scraper, der überhaupt in diesem Land zum Einsatz gekommen ist. Interessant war dieser Kauf für die deutsche Baufirma sicherlich auch unter einem weiteren Aspekt. Denn in Anbetracht der weitgehenden Baugleichheit beider Geräte, des L-60 und des L-90, eröffnete sich so durchaus die Aussicht auf eine wirtschaftlichere Vorhaltung der doch vielen möglicherweise benötigten Ersatzteile. Und auf dieser Baustelle hatte ich häufiger die Gelegenheit, beide Maschinen im Einsatz beobachten zu können, bis sie im Jahr 1978, nach Erschöpfung der dortigen Bimsvorräte, schließlich bedauerlicherweise verschrottet wurden. Etwa drei Jahre zuvor, nach Ablauf des ursprünglichen Kontraktes, kam eine andere Baufirma bei der Fortführung der Erdbewegungsarbeiten zum Zuge. Diese übernahm die beiden Electric Digger und setzte sie weiterhin zur Abraumbeseitigung ein.

Ein großes Problem bei beiden Electric Digger Scrapern unter den Bedingungen dieses harten Dauereinsatzes bestand in ihrer letztlich doch recht unbefriedigenden Verfügbarkeit. Dies lag zum Teil an dem übergroßen Verschleiß der Verbindungskabel, die in der Art von Kabelbäumen zusammengefasst waren, und zwar speziell in den Bereichen der mechanischen Verbindungen von einem Kübel zum anderen. Dieser Verschleiß wurde hervorgerufen durch unterschiedlichste Bewegungen der Scraper zueinander. Ein weiterer Schwachpunkt lag in der relativen Störanfälligkeit des elektrischen Systems in sich. Schließlich waren in Folge der hohen Beanspruchung der Geräte immer wieder Schweißarbeiten an Kübeln und Rahmen erforderlich. Möglicherweise lagen auch noch weitere technische Gründe für die häufig notwendigen, oftmals außerplanmäßigen Reparaturarbeiten an den Geräten vor.

Erschwerend hinzu kam in jedem Fall auch ein generelles Problem, das mehr oder weniger alle Scraperkombinationen betraf, da diese ja ausnahmslos aus zwei oder gar drei einzelnen Kübeln zusammengesetzt waren. Denn falls beispielsweise im Fall des L-90 der mittlere Scraper einen Defekt hatte, so musste er aus dem Zug ausgekuppelt werden. Einfacher lag die Sache bei einem Defekt des hinteren Scrapers, der in diesem Fall lediglich abgekuppelt

Ansicht des L-60 Scrapers von vorne; der Fahrer besitzt aus seiner erhöhten und klimatisierten Kabine heraus einen recht guten Überblick über das gesamte Gerät; rechterhand ist ein Kübel des L-90 Scrapers zu sehen

L-90 im Bereich der Kippe; der Entleerungsvorgang des hinteren Kübels ist bereits, ausgelöst durch das Verschieben der Ausstoßplatte nach vorne und der so bewirkten Zwangsentleerung, abgeschlossen

werden musste. Im schlimmsten Fall aber waren die beiden hinteren Kübel, falls das Steuerfahrzeug außerplanmäßig ausfallen sollte, gar nicht mehr einsetzbar und konnten demzufolge vorläufig kein Geld mehr für ihren Besitzer verdienen. Aus welchen Gründen auch immer, als Tatsache muss in diesem Zusammenhang festgehalten werden, dass ich während meiner recht häufigen Baustellenbesuche über einen Zeitraum von sechs Jahren bis zur Verschrottung der Geräte überhaupt nur zweimal das Glück hatte, den L-90 komplett mit allen drei Schürfkübeln im Einsatz zu sehen. Und nicht ein einziges Mal konnte ich den L-90 mit seinen drei Kübeln im gleichzeitigen Einsatz mit dem kleineren L-60 mit seinen beiden Kübeln beobachten.

Im umgekehrten Sinn geschah es allerdings häufiger, dass aufgrund von außerplanmäßig erforderlichen Reparaturarbeiten keiner der beiden Scraper einsatzbereit war.

Abschließend sei noch erwähnt, dass ein derartiger Scraper seinerzeit, vielleicht auch um auf diese Art dessen Größe zu dokumentieren, zwar zugegebenermaßen etwas umständlich, aber dafür durchaus eindrucksvoll auch als „Multirad-Mehrmotoren-Dreikübel-Schürfzug" bezeichnet wurde.

Zur Vervollständigung folgen nun noch einige Sätze, um die Geschichte des L-Serie Electric Diggers in der hier ausschließlich behandelten Bauart mit mehreren Kübeln abzuschließen.

Ungefähr in der Mitte der Sechzigerjahre entschied sich R.G. LeTourneau, damals immerhin bereits 76 oder 77 Jahre alt, noch wesentlich größere Scraper zu konstruieren und zu bauen. Dies geschah frei nach seinem Motto: Es gibt keine zu großen Baustellen, sondern lediglich zu kleine Maschinen. Diese Scraper waren nach den selben Kriterien konstruiert wie die L-90-Baureihe und die Entwicklung fand ihren Höhepunkt in dem LT-360, der, wie auch die kleineren Scraper, in zwei unterschiedlichen Versionen zumindest als Prototyp gebaut wurde. Eine Bauart rollte mit ihren drei Kübeln auf acht Riesenreifen mit einem Durchmesser von jeweils 3,1 m, einer Breite von 1,5 m und einem Gewicht von nicht weniger als jeweils 2,7 Tonnen. Die gleiche Basismaschine wurde ebenfalls modifiziert und bewegte sich nun auf insgesamt zwölf Reifen, von denen acht

Riesiger LT-360 Scraper mit acht Rädern – hier unter dem Gesichtspunkt des Größenvergleiches durchaus eindrucksvoll und vermutlich auch mit einem gewissen Stolz – präsentiert von keinem geringeren als R.G. LeTourneau selbst, der neben einem VW Käfer stehend zu erkennen ist

LT-360 Dreikübelscraper, auf diesem Bild in seiner Variante mit zwölf, an den mittleren Achsen kleineren Rädern dargestellt; hier ist er in seiner ganzen Länge komplett mit allen drei Kübeln im realen Einsatz während des Schürfens eines Einschnittes für einen neuen Highway zu sehen (siehe auch die Bilder des LT-360 auf der Seite 6 dieses Artikels

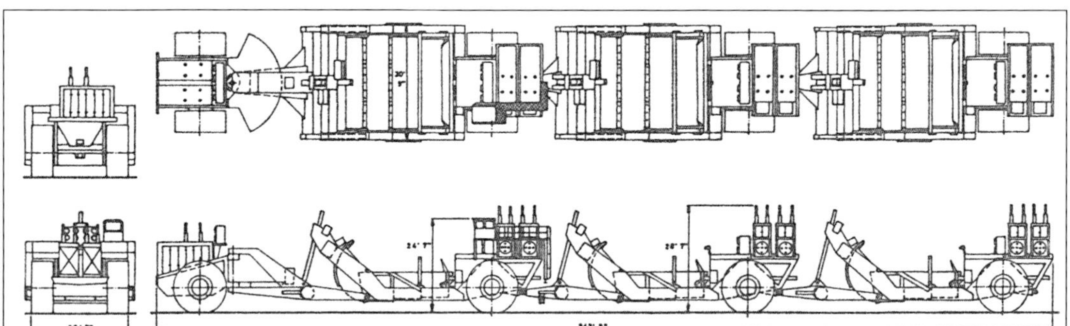

So stellte sich R.G. LeTourneau einen Scraper mit der Nutzlast von, aus damaliger Sicht, kaum vorstellbaren 500 short tons vor; es handelt sich um den größten jemals konzipierten Scraper, den riesenhaften L-500, dessen Verwandtschaft zu den kleineren Scrapern der L-Serie dennoch nicht zu verkennen ist; der Hinweis auf seinen aktuellen Zustand als „zur Zeit im Bau befindlich", der auf dem Originaldokument zu finden ist, darf allerdings vermutlich als etwas übertrieben bezeichnet werden einen Durchmesser von „nur" 2,4 m aufwiesen. Lediglich die erste und die letzte Achse waren weiterhin mit den größeren Reifen ausgerüstet. In jeder der beiden Bauformen war das Gerät mit seinen drei Kübeln dafür ausgelegt, nicht weniger als 360 short tons innerhalb von 90 Sekunden aufzunehmen und diese gewaltige Masse anschließend mit einer Geschwindigkeit von bis zu 32 km/h zu transportieren.

Der LT-360, selbstverständlich wie seine Vorgänger ebenfalls über in allen Radnaben installierte Motoren elektrisch angetrieben, war mit acht 16-Zylinder-Dieselmotoren mit einer Gesamtleistung von insgesamt 5 080 PS ausgestattet. Er besaß eine Länge von 61 m, eine Breite über alles von 6 m und ein Leergewicht von 293 Tonnen. Die Kraftstofftanks fassten, nebenbei bemerkt, 5 300 Liter.

Es handelte sich schlicht um den größten je gebauten Scraper, wenn er auch nur lediglich in einem Exemplar existiert hat. Denn es verdient durchaus festgehalten zu werden, dass die erwähnte zweite Version des LT-360 aus der ersten Bauart durch bloße Umbaumaßnahmen unter anderem im Bereich der Achsen entstanden ist. Ebenso wie bei den LT-120 (ein Kübel), LT-240 (zwei Kübel) und LT-300 (zwei Kübel) Scrapern waren also auch die beiden LT-360 (drei Kübel) keineswegs als in sich eigenständige Maschinen anzusehen, sondern vielmehr als weitgehend durch den Austausch von Komponenten wie Kübel, Motoren und Bereifung entstandene Geräte. Beide haben aus diesem Grund selbstverständlich nicht gleichzeitig existiert.

Dieser Scraper ist mit ziemlicher Sicherheit als das mit der höchsten Motorleistung ausgestattete Landfahrzeug anzusehen, das irgendwann einmal irgendwo auf Reifen gerollt ist. Aber, wie bereits zuvor erwähnt, er verblieb im Prototypstadium und wurde nie wirklich unter kommerziellen Gesichtspunkten seitens einer Baufirma eingesetzt. Dies mag auch an seiner immensen Größe gelegen haben, die einen Einsatz beispielsweise auf einer normalen Erdbaustelle nahezu unmöglich machte. Außerdem hätte sich allein der Transport zu einem weiteren Einsatzort, zumindest über öffentliche Straßen, zweifellos für die Betreiberfirma als ausgesprochen schwierig erwiesen. Und so endete dieser eindrucksvolle Scraper, zerschnitten in Einzelteile, letztlich mit hoher Wahrscheinlichkeit in einem der Schmelzöfen des LeTourneau-Stahlwerkes, also exakt dort, wo man Jahre zuvor den für seine Herstellung notwendigen Spezialstahl erzeugt hatte.

Obwohl also trotz aller Bemühungen kein Verkauf eines LT-360 zustande kam, hat sich R.G. LeTourneau offensichtlich zur gleichen Zeit zumindest gedanklich mit dem möglichen Bau eines noch wesentlich größeren und damit auch entsprechend leistungsfähigeren Scrapers beschäftigt. Derartige Geräte scheint er nach wie vor für unbedingt erforderlich gehalten zu haben für die gewaltigen Erdbaustellen, die er für die Zukunft voraussah. Wie dem auch sei, und in jeder Beziehung aus seiner Perspektive heraus konsequent, entwarf R.G. LeTourneau den wirklich unglaublichen L-500. Dieser Scraper sollte in der Lage sein, analog der Typenbezeichnung in seinen drei Kübeln eine Masse von 500 short tons (!) an Erdreich, selbstverständlich ohne die Unterstützung eines Schubgerätes, innerhalb von weniger als zwei Minuten in sich hineinzuschürfen. Zu diesem Zweck waren als Antrieb für die Generatoren, die den Strom für die Radnabenmotoren erzeugen sollten, nicht weniger als acht GM-Dieselmotoren mit jeweils 1 200 PS vorgesehen, zusammen also rekordverdächtigen 9 600 PS. Dieser Riese wäre dahergewalzt gekommen auf acht gewaltigen Reifen mit einem Durchmesser von 4 m und einer Breite von 1,8 m. Seine Länge schließlich sollte 74 m betragen, seine Gesamtbreite 9,4 m und seine Höhe bis über die Fahrerkabine 7,5 m. Das Gesamtgewicht des L-500 in beladenem Zustand sollte den Berechnungen nach bei schier unvorstellbaren 1 240 Tonnen liegen und somit um den Faktor 6,4 über dem entsprechenden Wert des L-90. Weiter im Vergleich zu dem L-90 sollte die Nutzlast des L-500 um den 5,6-fachen Wert höher liegen und die für erforderlich gehaltene Motorleistung den 5-fachen Wert erreichen. Vielleicht glücklicherweise wurde ein derartiges Monstrum nie gebaut.

Andererseits, und dies sei als Abschluss zu diesem Thema festgestellt, hat R.G. LeTourneau dennoch und ohne jeden Zweifel die größten Scraper konstruiert und gebaut, die jemals auf unserem Planeten Erde bewegt haben. Und der L-90, obwohl natürlich vergleichsweise eher bescheiden in seinen technischen Daten und Abmessungen, wird dennoch wahrscheinlich noch über einen langen Zeitraum, wenn nicht sogar für immer, der größte Scraper bleiben, der irgendwo in Europa Erde bewegt hat und für dessen Bedienung lediglich ein Fahrer erforderlich war.

Im Zusammenhang mit den beschriebenen Electric Digger Scrapern möchte ich beispielhaft noch auf einige weitere Mehrkübelschürfzüge von unterschiedlichen Herstellern hinweisen, die hauptsächlich in den Sechzigerjahren gebaut wurden in dem Versuch, die Gewinnungskosten pro Kubikmeter vor allem durch das Einsparen von Lohnkosten möglichst weit abzusenken. Ein weiterer Grund mag im Einzelfall auch darin gelegen haben, durch den Einbau von einem oder von mehreren weiteren Motoren die Selbstladeeigenschaften zu verbessern.

Nicht weiter behandelt werden sollen in diesem Zusammenhang allerdings diejenigen Scraper, die nur zeitweise, nämlich ausschließlich während des Schürfvorgangs, zumindest in Zugrichtung über klappbare Bügel fest miteinander verbunden sind. Hierbei handelt es sich um Doppelmotorscraper, die nach dem ursprünglich von Caterpillar entwickelten „Push-Pull"-System arbeiten, sowie um diverse Wettbewerbsgeräte, die in den Folgejahren nach diesem Vorbild mit vergleichbaren Einrichtungen ausgestattet wurden.

Vorstellen möchte ich an dieser Stelle vielmehr Scraper, deren beide (oder gar deren drei) Kübel wie bei dem Electric Digger fest miteinander verbunden sind, also eine Einheit bilden. Bei manchen Geräten in dieser Bauweise handelte es sich um Einzelstücke von mehr oder weniger experimenteller Natur und sie sind nicht über das Prototypstadium hinausgekommen. Andere wiederum fanden sich auch in den offiziellen Verkaufsprogrammen wieder und sind durchaus in nennenswerten Stückzahlen zum Einsatz gekommen. Wieder andere Scraper wurden seitens des Betreibers oder von dritter Seite noch als Gebrauchtgeräte entsprechend modifiziert.

Als Übertragungsmittel für die Steuerung der Kübelbewegungen bot sich bei den Scrapern als nahe liegende Lösung zunächst die althergebrachte Seilsteuerung an, die über ursprünglich von LeTourneau entwickelte, sogenannte Power Control Units (PCU) erfolgte. Diese waren mechanisch angetrieben. Auch ein angehängter zweiter Kübel konnte auf die gleiche Weise durch relativ einfaches Hinzufügen von zwei weiteren Winden bewegt werden. Ein elektrischer Antrieb der Winden kam ebenfalls zur Ausführung.

Bereits im Jahr 1938 wurde an den Prototyp des LeTourneau A1 Tournapull zu Versuchszwecken ein zusätzlicher Scraper angehängt; gut zu erkennen ist die Steuerung beider Kübel mit Hilfe von Seilzügen, die über vier vorne am Tournapull angebrachte Winden mechanisch angetrieben werden; aufgrund der großen Abstände müssen die Steuerseile für den hinteren Schürfkübel über Stützrollen geführt werden
Foto: Historical Construction Equipment Association

Caterpillar 657 Dreikübelscraper, fotografiert aus ungewöhnlicher Perspektive; voll beladen befährt er eine kurze, aber sehr steile Wegstrecke, die aus dem für den künftigen Kanal bereits ausgehobenen Graben herausführt; man meint regelrecht, das Röhren der Motoren zu vernehmen Foto: Peterson Tractor Co.

LeTourneau-Westinghouse beispielsweise verwendete über viele Jahre noch das gleiche System, das R.G. LeTourneau bereits im Jahr 1946 entwickelt und eingeführt hatte. Weitere Hersteller wiederum setzten bereits frühzeitig auf die Hydraulik, was sich im Nachhinein als durchaus weitsichtig erwiesen hat. Einen Sonderweg beschritt R.G. LeTourneau dann ab 1958 mit seinem bereits beschriebenen charakteristischen Antrieb aller Scraperbewegungen über elektrisch angetriebene Ritzel sowie über Zahnstangen.

Das Beladen derartiger Kombinationen, die aus mehreren Kübeln zusammengesetzt waren, erfolgte übrigens in der Praxis nie gleichzeitig, sondern stets nacheinander, Kübel für Kübel. So konnte die gesamte zur Verfügung stehende Antriebskraft aller Räder zum Zeitpunkt des Beladens jeweils gemeinsam auf die Scraperklinge eines einzelnen Kübels wirken. Letzteres führte zu einer drastischen Reduzierung der Schürfzeiten und sogar, natürlich in Abhängigkeit von dem zu ladenden Material, zur Möglichkeit des Schürfens ohne die ansonsten in aller Regel erforderliche Schubhilfe.

Die Entwicklung selbstangetriebener Scraperzüge wurde höchstwahrscheinlich, wie könnte es auch anders sein, ebenfalls eingeleitet durch R.G. LeTourneau. Bereits im Jahr 1938, kurz nach der Vorstellung des von ihm bekanntermaßen entwickelten ersten Scrapers mit einachsigem Zugkopf überhaupt, dem A-Tournapull, kuppelte er an den Prototyp einen ursprünglich für den Betrieb hinter einer Zugraupe vorgesehenen Anhängescraper an. Alle Kübelbewegungen wurden über insgesamt vier vorne am Zugkopf installierte Winden per Seilzug gesteuert.

Viele Jahre später setzte sich diese Bauweise bei LeTourneau-Westinghouse fort, dann allerdings mit Antrieb der nun direkt an den Kübeln installierten Seilwinden durch Elektromotoren. Mit der Vorstellung des A-Tournapull führte LeTourneau übrigens

Von Mitarbeitern der Firma Peterson werden noch letzte Handgriffe an dem bereits komplett montierten Caterpillar 657 Dreikübelscraper vorgenommen, kurz vor dessen möglicherweise erster Erprobung auf dem Versuchsgelände

Caterpillar 657 „Triple", der sich aus drei mechanisch miteinander verbundenen Cat 657 Scrapern zusammensetzt; alle drei waren äußerlich gegenüber den Originalgeräten konstruktiv kaum abgeändert worden; so wurden auch die Einachs-Vorspänner beibehalten, letzteres allerdings mit der hieraus resultierenden nachteiligen Konsequenz einer Vergrößerung der Gesamtlänge des Scraperzuges

Die drei fest aneinander gekuppelten Caterpillar 657 Scraper beim Befahren einer Steigung auf ihrem Weg von der Schürfstelle zur neben der Kanaltrasse gelegenen Kippe; die jeweiligen Führerstände auf den Zugköpfen werden nicht benötigt und sind nicht besetzt, solange die Geräte als eine Einheit miteinander verbunden sind

Fotos: Peterson Tractor Co.

erstmals für den Bereich der Baumaschinen den wichtigen Faktor der Geschwindigkeit ein. Man könnte diesen Augenblick durchaus als den Beginn der modernen Erdbewegung bezeichnen.

Es ist ebenfalls durchaus bemerkenswert, dass die Scraper mit Einachs-Zugköpfen – hauptsächlich handelte es sich hierbei um von LeTourneau gebaute Tournapulls – nach ihrer Einführung bis hinein in die Fünfzigerjahre während des Beladevorgangs oftmals nicht durch eine Schubraupe von hinten unterstützt wurden. Anstelle dessen wurden sie während des Schürfens von einer oder sogar von zwei Raupen im wahrsten Sinn des Wortes gezogen. Dies erfolgte mit Hilfe eines Drahtseiles, das mit der Zugraupe verbunden war. Jeweils vor Beginn des eigentlichen Beladevorgangs musste das Seil allerdings, meistens per Hand, in einen vorne am Zugkopf des Scrapers vorhandenen Haken eingehängt werden.

Diese auf den ersten Blick nur schwer nachvollziehbare Vorgehensweise war die Konsequenz aus einer zu jener Zeit durchaus als real einzuschätzenden Gefahr. Es war nämlich bereits mehrfach vorgekommen, dass der Zugkopf eines Scrapers, möglicherweise begünstigt durch schlechte Bodenverhältnisse, während des Pushens plötzlich nicht mehr auf die Lenkversuche des Fahrers reagierte. Unter der Voraussetzung einer fortgesetzten Schubunterstützung von hinten erwies sich das Risiko infolgedessen als sehr groß, dass die einachsige Zugeinheit zwangsläufig und ohne Vorwarnung, gleichzeitig aber auch völlig unkontrolliert und sehr heftig im Drehpunkt seitlich einknicken könnte. In einem solchen Fall war es kaum zu verhindern, dass der Zugkopf anschließend in Fortsetzung dieser Bewegung mit seiner linken oder rechten Seite gegen den Schürfkübel krachte, mit im Zweifelsfall schlimmen Folgen für Fahrer und Gerät.

Die Tatsache, dass in der ersten Hälfte der Sechzigerjahre beim Kanalbau in Kalifornien LeTourneau- und Euclid-Mehrkübelscraper alles in allem recht erfolgreich agierten und aufgrund ihrer Größe auch produktiver einzusetzen waren als die von der eigenen Firma angebotenen Scraper, ließ Ingenieure bei Caterpillar nicht ruhen. Denn man befürchtete einen gravierenden langfristigen Verlust von Marktanteilen. Der Firma Peterson, einem in Kalifornien ansässigen Caterpillar-Händler, geradezu spezialisiert auf den Bau ungewöhnlicher Maschinen, war es daraufhin vorbehalten, ein hochinteressantes Gerät zu entwickeln und tauglich für den Einsatz zu machen. Es handelte sich in einem ersten Schritt um zwei 657 Scraper, die ohne äußerlich erkennbare Modifikationen, also auch unter Beibehaltung des Einachs-Vorspänners des hinteren Scrapers, mittels spezieller Verbindungselemente miteinander verbunden wurden. Nach positiv verlaufener Erprobung baute man auf dieser Basis ein einmaliges Gespann, das sogar aus drei aneinandergekuppelten 657ern bestand, selbstverständlich aber dennoch immer noch von lediglich einem Fahrer gesteuert zu werden brauchte.

Im Gegensatz zu den LeTourneau'schen Electric Digger Scrapern wurde dieser Riese rein mechanisch angetrieben, das heißt über Drehmomentwandler und Lastschaltgetriebe. Hierzu standen sechs Dieselmotoren mit einer Gesamtleistung von 2 580 PS zur Verfügung. Der gesamte Zug war 57 m lang und besaß ein Ladevolumen von erstaunlichen 102 m^3, entsprechend einer gehäuften Nutzlast von um die 150 Tonnen. Aufgrund der Gesamtlänge erfolgte die Steuerung, ähnlich wie bei LeTourneau, von einer im hinteren Bereich auf dem vordersten Scraper aufgebauten Kabine aus. Zu Beginn des Jahres 1965 kam der Dreifachscraper zum Einsatz. Es galt als große Auszeichnung, wenn man als Fahrer für ihn ausge-

Zwei Euclid TTS-14 Scraper, die nach Beendigung der Arbeiten an einem Erdlos der BAB A 44 bei Unna vorübergehend an Ort und Stelle abgestellt wurden; gut zu erkennen sind die ungewöhnlich konstruierten Schwanenhälse, die die beiden Schürfkübel jeweils miteinander verbinden

wählt wurde, denn erforderlich waren in jedem Fall viel Erfahrung und Fingerspitzengefühl. Erwähnt seien in diesem Zusammenhang die fünf Gelenkpunkte, die das Gerät besaß und die nicht gerade zu einem günstigeren Fahrverhalten beitrugen. Besonders gefürchtet war das Querstellen der angehängten Kübel relativ zu dem Steuerfahrzeug, was insbesondere bei ungünstigen Bodenverhältnissen auftrat. In Anlehnung an die hierfür übliche amerikanische Bezeichnung „jack-knifing" könnte man diesen Vorgang vielleicht als „Taschenmessereffekt" bezeichnen. Diese Kombination bewährte sich über knapp zwei Einsatzjahre recht gut, blieb aber dennoch letzt-endlich nur ein Einzelstück. Bis heute allerdings ist der „657 Triple", der bei weitem größte Caterpillar Scraper aller Zeiten geblieben.

Bekannt geworden ist bereits 1959/60 auch ein Caterpillar DW 20 Scraper, an den ein ebenfalls seilbetätigter Anhängescraper angekuppelt worden war. Zum Antrieb der für diesen erforderlichen beiden Seilwinden hatte man extra einen Benzinmotor im Heckbereich des vorderen Scrapers angebracht.

Einer der am häufigsten gebauten und zum Einsatz gekommenen Zweikübelscraper war der Euclid/Terex Tandem TS-14, üblicherweise in verkürzter Schreibweise als TTS-14 bezeichnet. Dieser setzte sich aus Teilen von TS-14 Scrapern zusammen und verfügte über drei Motoren mit insgesamt 480 PS. Die Gesamtlänge betrug mehr als 20 m, die Nutzlast 43 Tonnen. Typisch für diese Kombination war der weit nach oben ausladende Schwanenhals, der den Heckmotor des vorderen Gerätes in seiner Funktion als Verbindungselement der beiden Schürfkübel recht hoch überspannte. Der Aufwand war notwendig, da man aus einsatztechnischen Gründen nicht auf den Heckmotor des vorderen Scrapers verzichten wollte und man den Aufsattelpunkt daher, in Fahrtrichtung betrachtet, nur vor diesem Motor anordnen konnte.

Der große Vorteil des Schwanenhalses lag im Vergleich zu einer gelenkigen Verbindung beispielsweise mittels Deichsel darin, dass der Scraper nun kleinere Kurvenradien befahren konnte. Denn weil Rad und Schwanenhals sich aufgrund der bogenförmigen Bauweise dieses Konstruktionsteils auch bei extremer Kurvenfahrt nicht berühren konnten, waren Einschlagwinkel des Zugkopfes von bis zu 90 Grad realisierbar. Mindestens zwei Geräte des Typs TTS-14 sind auch in Deutschland zum Einsatz gekommen.

In einigen seltenen Fällen wurde nach dem gleichen System noch ein dritter Scraperkübel auf dem hinteren Scraper aufgesattelt; alle drei konnten noch von einem Fahrer vom äußerlich unverändert gebliebenen Führerstand des vorderen Scrapers aus bedient werden.

Im Jahr 1965 wurden als weitere Variante und gleichzeitig Höhepunkt dieser Entwicklung zwei TTS-14-Einheiten über ein Kugelgelenk permanent miteinander verbunden, offiziell als Euclid Quad TS-14 bezeichnet. Dieser Zug kam bei sechs Motoren auf insgesamt 960 PS und auf ein Ladevolumen von 61 m^3. Die Gesamtlänge lag bei ungefähr 42 m. Während der Erprobung stellte sich schnell heraus, dass dieser vermutlich einzige unter Baustellenbedingungen getestete Vierkübelscraper aufgrund seiner Größe im Einsatz doch nur recht schwer zu beherrschen war. Ein weiterer Nachteil war, dass jede der beiden TTS-14-Einheiten, obwohl ja fest miteinander verbunden, ihren eigenen Bedienungsmann benötigte. Diese Kombination bewährte sich nicht und das Konzept verschwand wieder in der Schublade.

Auch aus einem der erfolgreichsten größeren Scraper überhaupt, dem Euclid/Terex TS-24, der immerhin von 1957 bis 2002 in großen Stückzahlen gebaut wurde, entstanden einige dem TTS-14 von ihrem Aussehen her zum Verwechseln ähnliche TTS-24 Scraper, die nur eben, entsprechend dem Grundgerät, größer ausgelegt worden waren. Denn geladen und schnell transportiert werden konnten gehäuft 42 m^3 bei einer Gesamtleistung der Motoren von 960 PS.

Beim Nennen des Namens Euclid muss unbedingt erwähnt werden, dass es sich bei diesem Hersteller, neben LeTourneau, um einen der großen Pioniere der Entwicklung von Scrapern mit einem eigenen Antrieb gehandelt hat. Neben weiteren Innovationen baute man dort gegen Ende der Vierzigerjahre den ersten Scraper mit einem zusätzlichen, über der Scraperachse angeordneten Motor, der die Hinterräder antrieb. Gezogen wurde er von einem zweiachsigen Traktor. Durch den Doppelmotorantrieb wollte man konkret erreichen, dass der Scraper sich unter normalen Bedingungen selbst beladen konnte.

Die größten von Euclid in eigener Regie konzipierten und gebauten Scraper bestanden in einem Fertigungslos von fünf seinerzeit an dieselbe Baufirma ausgelieferten TTSS-40 Zweikübelscrapern. Ebenso wie zahlreiche weitere Großscraper aus jener Zeit kamen diese Geräte ab 1964 beim Bau des „California Aqueduct", zum Einsatz. Bei dieser Baumaßnahme handelte es sich um ein riesiges Bewässerungs-

Zumindest so ähnlich muss eine Euclid Quad 14 Kombination auf den staunenden Betrachter gewirkt haben; die beiden TTS-14 Scraper auf diesem Foto sind allerdings nicht, wie bei dem Quad, permanent miteinander verbunden, sondern sie operieren unabhängig voneinander; bei näherem Betrachten wird man auch auf das zum Glück nicht alltägliche Missgeschick aufmerksam, das dem letzten Scraper widerfahren ist

Foto: Historical Construction Equipment Association

Hier handelt es sich nicht, wie auf den ersten Blick durchaus zu vermuten wäre, um einen Twin TS-14 Scraper, sondern um dessen größeren Bruder, den TTS-24; dieser Typ wurde aber nur in wenigen Exemplaren und strikt auf Kundenwunsch hin gebaut

Der Euclid Tandem TSS-40 Scraper mit zwei Kübeln, der lediglich in einer kleinen Serie von fünf Exemplaren gebaut worden ist, im Einsatz auf einer Kanalbaustelle in Kalifornien; die Zugmaschine ist von dem auf Großbaustellen damals recht häufig anzutreffenden SS-40 Einmotorenscraper übernommen worden

Das ist er in seiner ganzen imponierenden Größe, der Euclid Western „Tri-Bowl"; zusammen mit dem „657 Triple" von Caterpillar ist er sicherlich der größte mechanisch angetriebene Scraper, der gebaut worden ist; zusammengesetzt wurde er aus einzelnen Komponenten des TSS-40 Doppelmotorscrapers, der aber ebenfalls zu keinem Zeitpunkt Bestandteil des offiziellen Lieferprogramms der Firma Euclid war

projekt, das Kalifornien weit aus dem Norden mit dem dringend benötigten Wasser versorgen sollte. Diese TTSS-40 Schürfzüge schöpften die benötigte Kraft aus drei Motoren von zusammen 1 750 PS. Ihr Nettogewicht betrug 125 Tonnen, ihre Nutzlast lag bei 120 Tonnen und die Länge des Zuges lag bei 33 m.

In den Sechzigerjahren wurden mehrfach auch einzelne Komponenten, die zuvor bereits in anderen Euclid-Scrapern eingebaut gewesen waren, von Fremdfirmen in den unterschiedlichsten Kombinationen zum Bau von übergroßen Euclid-Scrapern wieder zusammengesetzt. Höhepunkt war schließlich der unglaubliche „Western Tri-Bowl" mit seinen drei Kübeln, der ab 1966 zum Einsatz kam. Bei diesem wahren Riesen erzeugten vier Dieselmotoren eine kombinierte Kraft von 2 200 PS. Er besaß eine Kapazität, die vergleichbar mit der des bereits beschriebenen Caterpillar 657 Dreikübelscrapers war. Seine Gesamtlänge betrug 52 m. Ein nicht zu unterschätzender Nachteil dieser Kombination bestand allerdings darin, dass im Gegensatz zu den wenigen anderen vergleichbaren Geräten zwei Fahrer für den Betrieb benötigt wurden: Einer hatte seinen Arbeitsplatz auf dem zweiachsigen Traktor, der andere war von einem erhöhten Steuerstand aus voll ausgelastet mit der Steuerung der Scraperbewegungen während des Schürfens und Entladens.

Neben den allradgetriebenen Mehrkübelscrapern existierten auch solche, an die einfach ein antriebsloser, dem Kübel des Zugfahrzeugs weitgehend identischer Scraper angehängt bzw. mittels eines Schwanenhalses aufgesattelt worden war. Als Beispiel für diese Spezies kann der von der International Harvester Company (IHC) auf Basis des Typs 295 angebotene Zweikübelscraper dienen. Er besaß ein kombiniertes Fassungsvermögen von immerhin 50 m³ bei einer Motorleistung des Einachs-Zugkopfes von 440 PS. Für diesen Tandemscraper geworben wurde in einer von International geschalteten Annonce mit dem Satz: „Der 295 ist eine gute Erdbewegungsmaschine, aber als Paar sind sie doppelt so gut".

IHC wandte sich dem Bau von Scrapern im Jahr 1953 zu, nachdem man sämtliche Rechte an den beiden Scrapern der Firma Heil erworben hatte, die mit eigenem Antrieb versehen waren. Diese besaßen bereits einen nach dem Vorbild der Erfindung von LeTourneau konstruierten einachsigen Zugkopf.

Auch unterschiedliche LeTourneau-Westinghouse-Scraper konnten bei Bedarf mit einem antriebslosen zweiten Kübel verbunden werden, entweder direkt ab Werk ausgeliefert oder auch auf der Baustelle entsprechend den Erfordernissen modifiziert. Wie auch immer, diese kamen in jedem Fall in größeren Stückzahlen zum Einsatz und das nicht nur in den USA. Zu ihnen zählten ab 1959 in erster Linie die einmotorigen C-Pull (290 PS), B-Pull (430 PS) und B-70 (475 PS) Zugköpfe inklusive der zu den Tournapulls jeweils von ihrer Größe her passenden Scraperkübel.

Der B-70 als größter dieser Reihe besaß in der Form eines Tandemscrapers eine Nutzlast von 77 Tonnen bei einem gehäuften Inhalt von 49 m³ und einer Länge von 22,5 m. Einige Jahre darauf wurde der kleinere C 500 vorgestellt. Dieser konnte, in der Version mit zwei Kübeln, als Scraper mit einem oder mit zwei Motoren ausgerüstet werden und war motorisiert, eben je nach Ausrüstung, mit 290 PS bzw. 580 PS.

Zwei Scraperkübel des Typs B, die für die Verwendung als sich selbst beladende Scraper mit einer Elevatoreinrichtung versehen worden waren, wurden für den Einsatz in einem Kohletagebau versuchsweise, angetrieben von einem B-Tournapull, zu einer Einheit zusammengekuppelt. Gewissermaßen als Höhepunkt wurde ein neuentwickelter zweiachsiger B-Speedpull Zugtraktor sogar als Zugfahrzeug für drei miteinander verbundene Scraperkübel vom Typ B genutzt – dies allerdings in Abwendung von der ursprünglichen LeTourneau-Philosophie, die zum Antrieb eines Scrapers einen der von ihm selbst entwickelten einachsigen Zugköpfe vorsah, nämlich eben den knickgelenkten Tournapull. Mit der Bezeichnung „Speedpull" sollte auf die Tatsache hingewiesen werden, dass durch den zweiachsigen Zugtraktor aufgrund seiner größeren Laufruhe im Vergleich zum Einachszugkopf eine höhere Endgeschwindigkeit zu erzielen war. Auch diese Kombination wurde, und das bereits ab 1960, beim Kanalbau in Kalifornien eingesetzt. Gemeinsam konnten in den drei Schürfkübeln 67 m³ transportiert werden. Die Nutzlast lag um die 100 Tonnen und die Gesamtlänge des Zuges lag bei 32 m.

Ganz im Gegensatz zu den wenigen weiteren Dreifach-Scrapern erfolgte bei diesem Gerät die Steuerung der Kübel- und Fahrbewegungen ausschließlich vom normalen Führerstand des Traktors aus. Da allerdings lediglich ein einzelner Motor zum Antrieb des gesamten Zuges zur Verfügung stand, konnte man diesen Scraper mit Fug und Recht, und das trotz einer installierten Motorleistung von 600 PS, als nicht

LeTourneau-Westinghouse B-Pull; auch der hintere Schürfkübel ist schon fast gehäuft gefüllt; unter Berücksichtigung von wirtschaftlichen Aspekten ist ein derartiger Ladebetrieb selbstverständlich nur mit Hilfe eines entsprechend leistungsfähig ausgelegten Schubgerätes vorstellbar

Der C-500 Scraper, ebenfalls von LeTourneau-Westinghouse hergestellt, ist in der hier dargestellten Variante ausgerüstet mit zwei Kübeln und Antrieb durch zwei Motoren; im Bedarfsfall konnte sogar unter den rauen Bedingungen auf der Baustelle der Heckmotor eingebaut bzw. ausgebaut werden, um den Scraper an veränderte Einsatzverhältnisse möglichst schnell anpassen zu können; im Hintergrund ist ein C-500 mit Doppelmotorantrieb zu erkennen

Hier ist der größte von LeTourneau-Westinghouse/Wabco jemals gebaute Scraper abgebildet, der Triple B-Speedpull; er setzt sich zusammen aus drei aufgesattelten B-Scraperkübeln ohne eigenen Antrieb und einem Zweiachs-Traktor als Zugfahrzeug; man beachte die zum Antrieb der Seiltrommeln für die Kübelsteuerung installierten Elektromotoren

Allis-Chalmers Twin-Scraper der Baureihe 562, zusammengesetzt aus Komponenten des im Text erwähnten Baukastensystems, der mit je einem Dieselmotor für jeden der beiden Schürfkübel ausgerüstet ist und daher in dieser Zusammenstellung über zwei angetriebene Achsen verfügt

gerade übermäßig motorisiert bezeichnen. Vorgesehen war er zweifellos sicherlich ausschließlich für den Ladebetrieb mit einem leistungsstarken Pusher und für Einsatzprofile, die keine zu großen Steigungen aufwiesen.

Im Verlauf des Jahres 1963 wurde der B-Speedpull in Modell 800 umgetauft und zog anschließend im Versuch zwei große Hancock Elevatorscraper-Prototypen mit einem kombinierten Kübelinhalt von erstaunlichen 69 m^3. Diese Kombination überforderte allerdings den Zugtraktor und ging aus diesem Grund nie in Serie. Denn zum Bau eines wirklich zu den Scrapern passenden, größeren Traktors konnte sich LeTourneau-Westinghouse andererseits auch nicht entschließen. 1980/81 zog sich Wabco dann komplett aus dem Scraperbau zurück. So endete zwangsläufig und endgültig die Geschichte des 1938 erstmals vorgestellten Tournapulls, des weltweit ersten selbstangetriebenen, gummibereiften Einachs-Vorspänners für Scraper. Es sollte nicht in Vergessenheit geraten, dass durch diesen zum ersten Mal weit höhere Scraper-Transportgeschwindigkeiten im Vergleich zu den bisher ausschließlich als Zugorgane Verwendung findenden Raupentraktoren realisierbar geworden waren. Ohne die geniale Idee des Tournapulls ist der moderne Scraper nicht vorstellbar, ebenso wenig wie über einen Zeitraum von doch mehreren Jahrzehnten so gut wie jede größere Erdbaustelle.

Schließlich darf an dieser Stelle natürlich auch die Firma Allis-Chalmers als ein weiterer der langjährigen und bedeutenden Hersteller von Scrapern nicht unerwähnt bleiben. Zu diesem Produktzweig kam man übrigens erst 1952 durch Aufkauf der alteingesessenen Firma LaPlant-Choate.

Zu Beginn der Sechzigerjahre brachte Allis-Chalmers ein einzigartiges Baukastensystem in Modulbauweise auf den Markt, das sich prinzipiell aus Komponenten des 1961/62 erstmals vorgestellten 562 Doppelmotorscrapers zusammensetzte. Auf diese Weise konnte unter anderem auch ein Zweikübelscraper zusammengestellt werden, wahlweise mit oder ohne separaten Antrieb des hinteren Kübels. Hierzu wurde anstelle des Heckmotors auf den vorderen Kübel ein weiterer Schürfkübel aufgesattelt. Da dieser Tandemscraper aber, selbst wenn er mit zwei Motoren ausgerüstet war, nicht mehr als die PS-Stärke eines normalen 562 Doppelmotorscrapers mit einem Kübel erreichen konnte, war er offensichtlich nicht gerade für das Bewältigen von großen Steigungen ausgelegt. Sein Fassungsvermögen betrug 67 m^3 bei einer Gesamtleistung der beiden Motoren von 870 PS und sein Gesamtgewicht in beladenem Zustand lag um die 200 Tonnen.

Selbst der Bau eines zweimotorigen Raddozers mit einer Leistung von ebenfalls 870 PS, der in erster Linie zum Schieben von großen Scrapern während des Beladens Verwendung finden sollte, war vorgesehen. Dieser Pushtraktor trug die Typenbezeichnung 555. Das Gerät konnte durch die Kombination von einem mit Planierschild ausgerüsteten Einachs-Vorspänner mit einem modifizierten Heckmotor aus dem Baukastensystem zusammengesetzt werden. Zum Verbinden der Motoren fand ein maßgeschneiderter Schwanenhals Verwendung. Lediglich eine kleine Handvoll dieser Schubeinheiten wurde gebaut, obwohl sie immerhin in der ersten Hälfte der Sechzigerjahre zu den PS-stärksten Raddozern überhaupt zählten. Denn nur der LeTourneau K-205 mit 1 260 PS und der Western 2000 mit 2 000 PS waren in diesen Jahren von ihrer Motorleistung her noch kräftiger ausgelegt. Bei letzterem handelt es sich übrigens um den größten überhaupt je gebauten Raddozer. Konzipiert worden war er als reiner Schubtraktor für die größten verfügbaren Scraper.

Besonders erfolgreich scheint dieses Baukastensystem – im Gegensatz übrigens zu den kleineren Allis-Chalmers-Scrapern, die sich sehr gut am Markt behaupteten – allerdings auch bezogen auf die 562-Serie nicht gewesen zu sein, wenn man die über die Jahre doch enttäuschend gering gebliebenen Verkaufszahlen als Maßstab nimmt. Dieser Misserfolg wurde wohl auch durch verschiedene konstruktive Probleme mitverursacht, die man seitens des Herstellers offensichtlich nicht in den Griff bekam. Bereits im Jahr 1966 verschwand dann zusammen mit dem Scraper 562 und dem Raddozer 555 auch das Baukastensystem, durchaus folgerichtig, wieder sang- und klanglos von der Bildfläche.

Ob schließlich Firmen wie beispielsweise Michigan oder M.R.S, die zweifellos jeweils über einen längeren Zeitraum ebenfalls zu den etablierten Herstellern von Motorschürfzügen zählten, auch auf diesen Zug aufgesprungen sind und jemals einen ihrer Scraper mit zumindest einem weiteren Kübel ausgerüstet haben, ist mir nicht bekannt.

Speziell bedanken möchte ich mich bei Herrn Klaus Stewering für die vielfältigen Informationen, die er mir zur Verfügung gestellt hat.

unter der Leitung von Kranbauführer Gijs Rietveld und Werkstatt-Chef Gerrit Middelkoop begonnen. Die Bauzeit betrug ein Jahr und beschäftigte sechs Mitarbeiter.

Alles was nicht aus der Industrie zugeliefert werden konnte, musste selber konstruiert und gefertigt werden. Die Drehbank und der Schweißapparat waren dann auch nahezu konstant im Betrieb tätig. Wenn eine Maschine technisch fertig war, aber noch ohne „Blech", wurde eine Probefahrt durch das Dorf gemacht um ein Grundstück zu erreichen, auf dem auch das richtige Baggern ausprobiert werden konnte. Wie groß war das Dorf Groot Ammers um diese Zeit? Mourik hatte im Dorf die Telefonnummer 39 und 40 – das sagt genug.

Der neue Bagger hatte ein Gewicht von ungefähr 25 Tonnen. Auslegerlänge war 12 Meter; der Ausleger bestand aus einem Unterteil und einem Oberteil mit der Teilung in der Mitte, wo noch eine Verlängerung von 1,5 Meter oder 4 Meter eingebaut werden konnte. Mit dem langem Ausleger musste das Drahtseil des Auslegers auch verlängert werden, denn die Scheiben waren am obersten Ende des Auslegers plaziert. Für 4 Meter Verlängerung wurden also 16 Meter extra Drahtseil benötigt. Rollengehänge für die Auslegerverstellung waren damals noch nicht üblich.

Das Drahtseil des Auslegers hatte einen Durchmesser von 7/8 inch, das Hubseil 5/8 inch und das Grabseil 3/4 inch. Der Brennstoffbehälter fasste 150 Liter; es waren 80 Liter Kardanöl im horizontalen Zahnradkasten des Fahrantriebs, 30 Liter Kardanöl im Kasten der Fahrwelle und 5 Liter Öl im Kettenkasten im Oberwagen vorhanden. Der Schürfkübel hatte einen Inhalt von 800 Liter. Der Motor war ein Sechszylinder Gardner Diesel mit ungefähr 100 PS. Der erste Bagger lief so gut, dass beschlossen wurde, weitere Maschinen anzufertigen: 13 MGA Bagger wurden zwischen 1953 und 1960 gebaut. Nur der Unterwagen wurde bei den letzten zwei Baggern im Bereich der Stahlträger innerhalb der Raupen verändert, die eine formschöne Ausführung bekamen. Die Stahlträger der letzten beiden Maschinen wurden nicht mehr rechtwinklich gefertigt und bekamen acht Unterrollen statt fünf und zwei Tragrollen oben anstelle von vier.

Diese zwei Unterwagen mit Traktorenlaufwerk bewährten sich viel besser im täglichen Einsatz und

Dieser MGA Oberwagen ist so gut wie fertig. Nur die Farbe und die Scheiben in der Kabine fehlen noch

Die Mourik Werkstatt war so schnell nicht zufrieden und alle Ecken wurden abgerundet. Das kostete mehr Arbeit, aber es sah viel besser aus, fanden die Männer

so wurde beschlossen, für alle anderen elf MGA Bagger neue Unterwagen zu konstruieren. Jedes Mal, von 1964 an, wenn ein Bagger für die Generalüberholung in die Werkstatt kam, hatte das Werkstattpersonal schon einen neuen Unterwagen fertig und man brauchte nur den Oberwagen anzuheben, den alten Unterwagen wegzurollen und für den Neuen das Traktorenlaufwerk zu tauschen. So waren die Bagger nach einer Generalüberholung sehr schnell wieder bei der Arbeit und alle MGA Bagger mit neuen Unterwagen ausgestattet.

Die Bagger wurden unter weitestgehender Ausnutzung aller neuesten Errungenschaften der damaligen Technik und Möglichkeiten der Firma gebaut, wie beispielsweise elektrische Schweißung. Aber die Steuerung mit Hydraulik war noch nicht vorgesehen, und so hatte der MGA für die mechanische Bedienung aller Funktionen lange Hebel. Der Raupenunterwagen wurde auf einem geschweißten Rahmen aus Stahl aufgebaut. Die großen Kettenzahnräder (die sogenannten Sprockets), Laufrollen und Spannrollen waren Gussstücke, die bei Bakker in Ridderkerk angefertigt wurden. Alle Zahnräder und der vertikale Mittelzapfen wurden bei der Maschinenfabrik Bierens in Tilburg angefertigt. Diese Firma war und ist

Der Unterwagen in Erstausführung mit nur fünf Unterrollen unten und vier Tragrollen oben sah ganz anders aus als der neue Unterwagen mit Traktorenlaufwerk. Weil man die Raupenglieder so leicht wie möglich haben wollte, war das Gießen nach dem Entwurf von Mourik nicht sehr einfach

Das große Kettenzahnrad (Sprocket) mit 4 inch Fahrkette für den Antrieb einer Raupe. Alle Gussstücke, wie Sprockets, Raupenglieder, Tragrollen und so weiter, wurden von Bakker in Riddrkerk angefertigt

noch immer spezialisiert auf Zahradübertragungen und lieferte in den 50er Jahren auch mechanische Antriebe für Kromhout Untertage-Lokomotiven.

Die Raupenketten hatten einfache glatte Glieder, auch geliefert von Bakker, aber ab 1964 bekamen die Bagger komplett neue Unterwagen mit Traktorenlaufwerken von Caterpillar D6B Bulldozer mit 80 cm breiten Gliedern. Die von Bakker gegossenen Glieder waren nicht sehr einfach zu produzieren, denn Sie mußten sehr leicht, aber doch stark sein. Der Antrieb im Unterwagen von der Fahrwelle zu den Sprockets der Raupenketten hatten 4 inch Fahrketten. Die Fahrwelle war aus einem Stück gefertigt und darauf war das konische Zahnrad auf Rillen aufgepresst. Links und rechts davon waren die Klauenkupplungen mit Sperrklinken und Kettenrad montiert. Und das alles war eingeschlossen in einem sand- und staubdichten Kasten mit 30 Liter Öl. Die Antriebe in den Unterwagen waren gleich.

Der Oberwagen hatte eine Plattform aus einer 1 inch dicker Stahlplatte mit aufgeschweißten Rippen an der Unterseite und drehte auf 4x2 Schwenkrollen mit einer Fangrolle pro Paar. Auf der Plattform lag der geschweißte horizontale Zahnradkasten für den Antrieb der Schwenkwelle, Fahrwelle, Auslegerseiltrommel und Schwenkritzel. Wenn die Oberwagen-Grundplatte so weit war, dass die Maschinenteile aufgebaut werden konnten, wurde die Plattform mit zwei Windenschildern mit Hilfe eines großen Salev Gabelstaplers, der am Heck Gegengewicht bekam, auf den Unterwagen montiert. Wenn am Oberwagen alle Schwenkrollen und Fangrollen angebracht waren und sich alles gut drehte, wurde mit der Montage des Motor und der Seiltrommel samt Antrieb begonnen. Am Motor war eine normale einfache Kupplung mit Kettenzahnrad für den Antrieb der Hauptwelle angeflanscht. Von da aus wurden die Seiltrommel angetrieben.

Die Seiltrommel des Auslegers wurde mit einem Schneckengetriebe und Bremsband angetrieben. Der Aufbau des Oberwagens wurde völlig aus Stahl konstruiert und sah sehr modern aus. Nachteil dieses Modells war, dass die Wartungsarbeiten nicht sehr einfach waren, da man nicht bei den Maschinenteilen aufrecht stehen konnte. Aber das dasselbe Problem ergab sich bei anderen Baggern, wie beispielsweise beim Demag 406 und Fuchs 301.

MGA war auch der erste, der mit einer Sonnenblende ausgerüstet war. Sehr auffällig bei diesen Maschinen war das schöne bei Bakker in Ridderkerk

Erste Probefahrt eines MGA durch das Dorf Groot Ammers zum anderen Grundstück, um auch das richtige Baggern auszuprobieren, bevor das „Blech" montiert wurde. Sollte etwas schief gehen, dann war eine Reparatur auf diese Weise sehr einfach; alles war noch im Freien zu erreichen. Wenn alles den Erwartungen entsprach, wurde die Maschine komplettiert und gelb gespritzt

gegossene Gegengewicht mit den Buchstaben MGA. 1966 wurde eine Maschine probeweise auf Hydraulik umgebaut. Der sehr schnelle Bagger wurde mit dieser Steuerung noch viel schneller, denn die pneumatischen Steuerventile, die damals geliefert wurden, konnte man nur völlig schließen oder völlig öffnen. So wurde diese gute Maschine zu gut und die Arbeit damit war fast unmöglich für einen normalen Menschen, ohne verrückt oder schwindig zu werden! Wo die hydraulischen Bagger einmal guten Eingang fanden, war es für die richtigen Draglines aus, das heißt für Baggerarbeiten, denn die MGA Bagger wurden noch einige Zeit eingesetzt als Geräteträger für vertikale Sanddrainage.

Vertikale Sanddrainage

Im wasserreichen und fast sumpfigen westlichen Teil der Niederlande treten durch die ungünstigen Bodenverhältnisse beim Straßen- und Hafenbau und bei anderen Bautätigkeiten häufig Probleme auf. Zur Verbesserung dieser schlechten Bodenverhältnisse wurde schon sehr viel experimentiert, bevor etwas Gutes gefunden wurde.

Ein Verfahren besteht darin, Setzungen in den wenig tragfähigen Bodenschichten des anstehenden Baugrundes zu verwirken, bevor die Belastung durch das Bauwerk erfolgt. Dies wird erreicht durch das Absenken vertikaler Sandpfähle, die als senkrechte Drainage wirken. Auf das Grundstück wird eine 30 bis 50 cm starke Schicht Grobsand aufgetragen, die als befahrbare Bodenverfestigung des einzusetzenden Geräteträgers, vorzugsweise auf Raupen, und als Drainage für das freiwerdende Spülwasser dient. Pro ungefähr 10 m^2 Oberfläche werden dann Löcher mit einem Durchmesser, je nach Bedarf, von minimal 20 und maximal 45 cm gebohrt oder gespült, die später mit Grobsand aufgefüllt werden.

Baugrundverbesserungen mit Sandpfählen haben gegenüber Bodenaufschüttungen den Vorteil, dass nach Abschluss des Einbringens der Sandpfähle das Gelände sofort zu benutzen ist. Auf Grund der genannten Vorteile dieser Sandpfähle hatten immer mehr Bauunternehmen die Sandpfähle zur vertikalen Drainierung und Baugrundverbesserung ausgeschrieben. Die Firma Mourik hatte sich daher auch auf dem Sektor der Grundverbesserung durch vertikale Drainagen mit Sandpfählen hoch spezialisiert und war mit eigenen MGA Baggern als Geräteträger und neu auf den Markt kommenden Entwicklungen auf diesem Gebiet stets auf dem neuesten Stand. Und das waren die letzten Arbeiten, die mit MGA Baggern durch Mourik durchgeführt wurden, bevor die Maschinen abgestellt und verschrottet wurden.

Aber nach 50 Jahren ist doch noch eine Maschine erhalten geblieben. Die wird jetzt für Kranarbeiten bei einem Baumaterialien-Händler verwendet. Die Firma Mourik Groot Ammers B.V. hat anno 2005 auch wieder ein altes Fahrzeug. Mit einem mustergültig restaurierten GMC Kipper mit dunkelgrünen Kabinen werden hin und wieder Baggertreffen besucht.

Die komplette Fahrwelle mit Kegelradantrieb, Klauenkupplungen und kleinen Kettenzahnrädern. Alles wurde unter dem Unterwagen montiert mit der offenen Seite nach oben und dann gefüllt mit 30 Liter Kardanöl

MGA Schlepperschaufelbagger bei der Arbeit in einer Ölraffenerie westlich von Rotterdam

Damit fing es bei dem Bau einer MGA an: der Stahlrahmen eines Unterwagens; alles eletrisch geschweißt und dadurch sehr stark und doch relativ leicht

Der komplette Unterwagen für einen der letzten zwei MGA Bagger, aber noch ohne Raupen. Diese formschöneren Unterwagen waren für Traktorenlaufwerke mit Caterpillar D6B Teilen und Raupen vorgesehen. Um 1964 erhielten alle MGA Bagger diese verbesserten Unterwagen

Das Verlegen von Rohrleitungen mit einem Schleppschaufelbagger ist für den Baggerführer keine einfache Arbeit, insbesondere wenn die Bremsbänder sich aufwärmen. Und mit einem MGA war das doppelt so schwierig, denn der MGA drehte viel schneller als andere Dragline

So muss es sein: Ein Schleppschaufelbagger in einer ausgedehnten Sandwüste an der Wasserseite. Mit dieser Arbeit fühlt sich der Bagger und sein Führer sehr wohl und eine bessere Maschine ist auch heute für diese Arbeiten noch nicht zu finden. An der Wasserkante bleibt ein Schleppschaufelbagger unübertroffen!

Mit der Plattform des Oberwagens, komplett mit den zwei Windschildern auf dem Unterwagen aufgesetzt, ist es Zeit, die Oberwagen-Schwenkrollen zu montieren

Reine Kranarbeit mit einem MGA, hier auf einem Schiff stehend. Es wird eine Rohrleitung unter einem Kanal verlegt im flachen Westen der Niederlande. Diese Maschine hat ein Traktorenlaufwerk

Der letzte übriggebliebene MGA Bagger, hier bei einem Händler mit gebrauchten Baumaterialien, wo er für Kranarbeiten eingesetzt wird

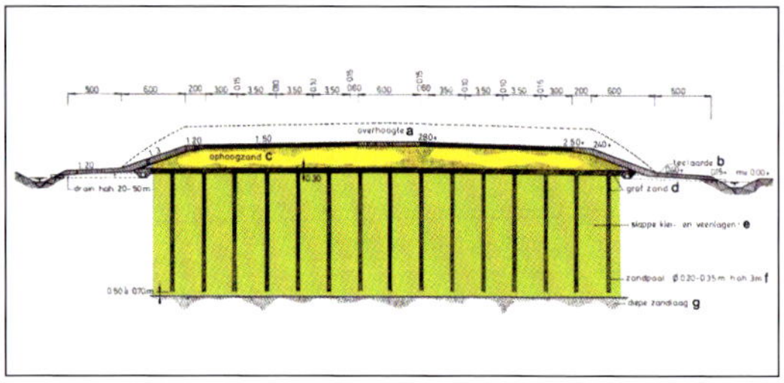

Durchschnittszeichnung einer Straße mit Sandpfählen für vertikale Sanddrainage

Vertikale Sanddrainage mit einem MGA

Das von Bakker in Ridderkerk gegossene Gegengewicht eines MGA Baggers

Projekt Deutsche Einheit Nr. 10

A 20 von Lübeck nach Stettin

von Jürgen Flemming

Die A 20 ist das Verkehrsprojekt Deutsche Einheit Nr. 10. In diesem Jahr soll sie auf ihren 324 Kilometern gänzlich fertiggestellt werden und Lübeck mit der polnischen Hafenstadt Stettin verbinden. Nach jahrelangen Quärelen um Trassenführung und Vergabeverfahren war dann endlich im Jahr 2002 für die Teilstrecke 2 der Baubeginn. Ich wohne ganz in der Nähe der A 20 und konnte die Bauarbeiten über Jahre fotografisch begleiten. Ich möchte in lockerer Folge über die Bauarbeiten von Lübeck bis über das Autobahnkreuz Wismar hinaus berichten. Die hier genannten Baufirmen C. Alpen, J. Bunte, J. Möbius, H. Kirchner und G. Papenburg haben fast die gesamte A 20 mit ihren Subunternehmern fertiggestellt. Die hier genannten und abgebildeten Maschinen sind natürlich nur eine willkürliche Auswahl. Ich konnte in diesem Artikel nicht alle und Alles berücksichtigen. Besondere Unterstützung bekam ich von der Firma Möbius und durch die Herren K. Ehlers und H. Müller.

Abschnitt 1 wurde von der Arge C. Alpen und J. Möbius gebaut. Baubeginn war 1998 und Freigabe im Jahr 2001. Als größte Raupe kam die CAT D 8 R beim Autobahnkreuz Lückbeck zum Einsatz. Für die Ladearbeiten wurden CAT 345 B, Komatsu PC 360 LC, Radlader Kaelble SL 28 und andere Kleingeräte genutzt. Der Sennebogenseilbagger 670 wurde für die Unterführung der Bahnlinie Hamburg-Lübeck eingesetzt. Dumper verschiedener Hersteller waren hier auch in größerer Stückzahl dabei.

Abschnitt 2 wurde ausgeführt durch Arge C. Alpen, J. Möbius und J. Bunte. Die Arbeiten am Teilabschnitt zwischen der Anschlussstelle Lübeck Genin

Der Autobahnbau beginnt Foto: Möbius

M 30 in der Sandentnahmestelle Foto: Möbius

Ein Gigant von mehr als 600 t der M30 von der Fa. J. Möbius

Projekt Deutsche Einheit Nr. 10

A 20 von Lübeck nach Stettin

von Jürgen Flemming

Die A 20 ist das Verkehrsprojekt Deutsche Einheit Nr. 10. In diesem Jahr soll sie auf ihren 324 Kilometern gänzlich fertiggestellt werden und Lübeck mit der polnischen Hafenstadt Stettin verbinden. Nach jahrelangen Quärelen um Trassenführung und Vergabeverfahren war dann endlich im Jahr 2002 für die Teilstrecke 2 der Baubeginn. Ich wohne ganz in der Nähe der A 20 und konnte die Bauarbeiten über Jahre fotografisch begleiten. Ich möchte in lockerer Folge über die Bauarbeiten von Lübeck bis über das Autobahnkreuz Wismar hinaus berichten. Die hier genannten Baufirmen C. Alpen, J. Bunte, J. Möbius, H. Kirchner und G. Papenburg haben fast die gesamte A 20 mit ihren Subunternehmern fertiggestellt. Die hier genannten und abgebildeten Maschinen sind natürlich nur eine willkürliche Auswahl. Ich konnte in diesem Artikel nicht alle und Alles berücksichtigen. Besondere Unterstützung bekam ich von der Firma Möbius und durch die Herren K. Ehlers und H. Müller.

Abschnitt 1 wurde von der Arge C. Alpen und J. Möbius gebaut. Baubeginn war 1998 und Freigabe im Jahr 2001. Als größte Raupe kam die CAT D 8 R beim Autobahnkreuz Lückbeck zum Einsatz. Für die Ladearbeiten wurden CAT 345 B, Komatsu PC 360 LC, Radlader Kaelble SL 28 und andere Kleingeräte genutzt. Der Sennebogenseilbagger 670 wurde für die Unterführung der Bahnlinie Hamburg-Lübeck eingesetzt. Dumper verschiedener Hersteller waren hier auch in größerer Stückzahl dabei.

Abschnitt 2 wurde ausgeführt durch Arge C. Alpen, J. Möbius und J. Bunte. Die Arbeiten am Teilabschnitt zwischen der Anschlussstelle Lübeck Genin

Der Autobahnbau beginnt — Foto: Möbius

CAT D8R von der Fa. Alpen

Komatsu PC 360 LC

Kaelble Radlader

Sennebogen 670

M 30 in der Sandentnahmestelle Foto: Möbius

Ein Gigant von mehr als 600 t der M30 von der Fa. J. Möbius

Dumper, Bagger, Raupen und Fräsen machen das Baufeld frei Foto: Heinz Müller

Komatsu PC 450 bei der Sandentnahmestelle

bis zur Wakenitz, ein kleiner Fluß an der Grenze zu Mecklenburg Vorpommern, wurden durch den Wasserbau Zuland geprägt. Selbst die „alten Hasen" aus dem Haus Möbius konnten sich nicht daran erinnern, dass jemals so viel Cutterbagger bei einem Autobahnbau zum Einsatz kamen.

Der Transport war schon eine logistische Herausforderung an die Autobahnbauer. Die Transportkosten des M 30, ein Koloss von 48 m Länge und 13 m Breite, erreichten fast den Wert eines Einfamilienhauses. Bevor die Cutter aber richtig loslegen konnten, mussten erst umfangreiche Erdarbeiten ausgeführt werden. Für das Schneiden, Saugen und Spülen wurde ein 38 km langes Rohrleitungssystem verlegt, in dem Sand und Moor hin und hergepumpt wurden. Es diente aber auch für die Rückführung des für den Transport notwendigen Wassers.

Insgesamt wurden 2 Millionen Kubikmeter Sand, 1 Million Kubikmeter Moor und etwa 1,5 Millionen Kubikmeter bindige Böden transportiert. 60 Hektar groß war die Sandentnahmestelle. Hier wurde nicht nur der Sand für die Autobahn entnommen, sondern auch der Aushub der 7 Moorlöcher landete dort, die teilweise eine Tiefe von 19 m hatten. Neben diesen Geräten waren auf diesem Autobahn-Los 50 weitere Maschinen wie Hydraulikbagger, Dumper, Walzen, Fräsen und Schürfraupen im Einsatz. Das war einer der schwierigsten, aufwendigsten sowie teuersten Teilabschnitte der A 20.

Abschnitt 3 wurde ausgeführt von der Fa. Kirchner. Streckenlänge 14,5 km. Unter anderem waren daran beteiligt diverse CAT D 6. Die größte eingesetzte Raupe war die CAT D 9 R. Hydraulikbagger aller namenhafter Hersteller und verschiedenste

Saugbagger M 1 beim Zusammenbau

Der M 2 beim Zusammenbau

Der Fräskopf mit Ausleger von dem M 2 wiegt 21 t

Foto: Möbius

Walzen arbeiteten hier. Die Dumperflotte bestand aus Bell Dumpern unterschiedlicher Größen. Dieser Abschnitt wurde im Dezember 2004 für den Verkehr freigegeben.

Abschnitt 4 von Schönberg bis Grevesmühlen. Auftragnehmer J. Bunte aus Papenburg. Dieses war eines der ersten Teilstücke, das gebaut wurde. Beteiligt waren Raupen von CAT D 4-D 9 G, Komatsu Raupen D 65 etc. und Schürfraupen SR 2000-2001 in größerer Anzahl sowie Weserhütte Seilbagger W 180, Grader verschiedener Baumaschinenhersteller und diverse Bagger und Radlader. Als Bersonderheit war eine Fräse Gradillion RS 400 zu bewundern.

Auch Abschnitt 5 wurde von der Fa. Bunte fertiggestellt. Im nächstfolgenden Abschnitt setzte die Fa. Möbius CAT 375 und Liebherr 974 ein. Es waren auch zwei CAT D 8 N und ein Scraper 613 C beteiligt, der hier den Boden schürfte. Die Strecke vom Autobahnkreuz Wismar bis Neukloster wurde von der Fa. G. Papenburg gebaut. Neben Radladern von Hanomag/Komatsu waren auch Bagger der vorher genannten Hersteller verschiedenster Größen vor Ort. Der mächtigste war der PC 750 SE.

Es kam auch schon mal zu unvorhersehbaren Unterbrechungen. So versank eine Raupe, ein Dumper fuhr auf, ein Bagger kippte um, eine Walze machte eine Rolle und Dumper blieben wegen eines Getriebeschadens liegen. Aber trotzdem werden die Baustellen immer fertig.

Der M 2 nach dem ersten Einsatz Vorbereitung für das nächste Moorloch Foto: H. Müller

Hier sieht man, wie viel der M 2 noch Spülen muss Foto: Möbius

Pirat 9 von der Fa. Bunte auf Luftpolstern Richtung Wasser Foto: Arge

Bagger und Dumper machen den Weg frei für den Transport

Pirat 9, der kleinste der eingesetzten Saugbager

Foto: Arge

M 2 und Pirat 9 in einem der größten Moorlöcher

Foto: Möbius

Spülarbeiten kurz vor dem Ende, Rohre werden schon abtransportiert Foto: H. Müller

Komatsu PC 340 NLC mit extra breiten Kunststoffketten beim Verlegen der Spülrohre Foto: Arge

Liebherr mit extra breitem Laufwerk auf moorigem Boden bei Rohrverlegearbeiten

Foto: Arge

Auch der alte Liebherr 921 LC mit seinem superlangen Laufwerk kam auf dem extrem schweren Boden noch mal zum Einsatz

Der Radlader CAT 966 G war beim Rohrleitungsbau für das heranholen von den Rohrstücken im Einsatz

Der kleine Zeppelin Radlader war das Mädchen für Alles beim Rohrleitungsbau

Auf dem Foto lässt sich vielleicht erahnen wie schwierig die Bodenverhältnisse an der Sandentnahmestelle für den Saugbagger M 30 waren

Foto: Arge

CAT D 6 R LGP

Volvo Dumper beim aufstreuen von Kalk

Volvo A 30 C beim Transport von Boden

CAT Gräder 14 H hielt die Fahrwege in Stand

Unterschiedlichste Walzenzüge kamen zum Einsatz, hier der CAT CP 563 D

Die drei Schürfraupen SR 2001 waren vielseitig eingesetzt

Der Bagger CAT 350 war einer der am häufigsten vorkommenden Ladegeräte beim Bau der A 20

Bagger und Dumper bei Ladebetrieb und Schürfraupe beim Sandeinbau

Foto: Arge

Ein Teil der Dumperflotte in Feierabend-Aufstellung, bestehend aus A 25 C, A 25 D, A 30 C und A 30 D

Hier am Hornsdorfer Berg wurden ca. 350000 Kubikmeter Lehmboden durch die Dumper abgefahren

D 9 R beim Abschieben von Mutterboden

Raupe, Bagger und Dumper im Zusammenspiel

Bell 25 C und 40 D warten, dass sie eine Straße überqueren können

Die Dumper bei der Beladestelle

CAT D 7 H

Ich fräste den Zement ein

Der Bomag Grader fertig zum Abtransport zur nächsten Baustelle

Mächtig wirkt die D 9 mit Heckaufreißer

Liebherr 912 mit Rüttelplatte bei Bodenverdichtungsarbeiten

Einer der beiden Weserhütte W 180

Ein Exot auf deutschen Baustellen

Der CAT 375 bei Ladearbeiten

Liebherr 974

Volvo A 35

Scraper 613 C

PC 750 SE neben zwei kleineren Komatsu

Die Dumperflotte bestand überwiegend aus Terex TA 30, TA 35 und einige O&K und Volvos

Eine D 65 PX, eingerahmt von zwei D 65 EX, warten auf Tauwetter, damit sie wieder Mutterboden abschieben können

Die Raupe versinkt Foto: Arge

932 mit Zusatzausrüstung

Was stand da im Wege?

Ich habe eine Rolle gemacht

Ein paar Tage Pause, wo ist der Monteur?

Weihnachten mit Baumaschinen

Baumaschinen grüßen festlich

von Heinz-Herbert Cohrs

Baumaschinen und Weihnachten - das müssen nicht nur Sandkistenspielzeuge und teure Sammlermodelle sein, die unter'm Tannenbaum die Augen leuchten lassen. Um die Weihnachtszeit kommt Baumaschinen eine weitere, weniger bekannte Bedeutung zu: Sie helfen dem Weihnachtsmann beim Transportieren und Verteilen der Geschenke, sie grüßen auf Weihnachtskarten Geschäftsfreunde, sie übernehmen allerlei Arbeiten wie das Schneeräumen und Aufstellen von Tannenbäumen.

Das Verschicken von Weihnachtskarten ist auch in Deutschland zum festen Brauch geworden. Manche schätzen das sehr und verschicken Jahr für Jahr stapelweise mehr oder weniger schöne Karten, unterstützen wohltätige Zwecke und weisen auf ihren Karten deutlich darauf hin. Andere sperren sich dagegen, schonen die Portokasse und lassen Weihnachten „kartenlos" näher kommen...

Die ursprünglich aus England und den Vereinigten Staaten stammenden „Season's Greetings" gehören inzwischen auch bei vielen Baumaschinenherstellern und -händlern zum alljährlich wiederkehrenden Ritual. Je nach persönlichen Vorlieben und Umfang des Weihnachtsetats werden dabei die

Was wurde hier wohl verpackt...? Die Verpackungskunst des Weihnachtsmannes stellt sogar die Künste eines Christo in den Schatten! Etwas phantasielos ist nur das Geschenkpapier, wahrscheinlich reichte es nicht für soooo große Geschenke. Die Karte erfreute Anfang der achtziger Jahre Geschäftsfreunde des schwedischen Baggerherstellers Åkermans Verkstad AB in aller Welt. Trotz des augenscheinlichen Gewichtes ziehen Weihnachtsmann und - tja, ein Rentier ist das nicht!? - Zugtier den Schlitten recht fröhlich durch die Winterwelt

Vergnügt erscheint der Weihnachtsmann auf einer Karte des schwedischen Muldenkipperherstellers Kockum Landsverk von 1983. In der Mulde des großen 40-Tonners Kockums 445 fuhr es sich bestimmt recht bequem. Erstaunlich wirkt jedoch die immense Größe des Weihnachtsmannes

Standardkarten aus den Kaufhäusern oder eigens auf das jeweilige „Business" maßgeschneiderte Karten verwendet.

Nur wenige Hersteller und Händler lassen sich ganz individuelle Karten malen, gestalten und drukken. Aber gerade derartige Weihnachtskarten haben es in sich, zeigen sie doch Baumaschinen in wahrlich ungewohnten, oft recht drolligen und natürlich weihnachtlichen Situationen.

Obwohl es sich bei den meisten dieser Kartenmotive um ziemlich unrealistische Bilder und Einsätze handelt, sind sie durchaus eine Betrachtung wert. Die Karten spiegeln Zeitcolorit, Kultur, Umfeld, Akzeptanz der Baumaschinen und ihrer Marke wider, sie zeigen den Humor oder die Ernsthaftigkeit in der Beziehung zu den Geschäftspartnern.

Manchmal werden auf den Kartenmotiven weder Baumaschinen noch deren Einsätze dargestellt, sondern nur Spuren ihrer Arbeit, Firmenzeichen im winterlichen Umfeld, verdeckte Assoziationen, die Bau-

In der Lehrwerkstatt von Kaelble in Backnang wurden traditionsgemäß große Lehrmodelle der neuen Maschinen gebaut. Zum Weihnachtsfest wurde den Modellen neues Leben eingehaucht, und so zierten sie eine schöne Grußkarte. Warum aber hat der Weihnachtsmann Sorgenfalten und blickt etwas enttäuscht zur Seite? Leider konnte er wegen seiner Größe keine Probefahrt mit dem beeindruckenden Knicklenker KK 50 machen...

Furukawa wollte gern die ganze Bandbreite des Baumaschinenprogramms darstellen, da der japanische Hersteller im ehemaligen Heidelberger Payloader-Werk Radlader und im französischen Yumbo-Werk Bagger bauen ließ. Ungeachtet der winzigen Maschinen war das Kartenmotiv aber mehr Werbung als Weihnachtsgruß, denn nichts, rein gar nicht Weihnachtliches oder Festliches war zu finden

Gemütlicher ging es bei Case Poclain zu, als im Firmenzeichen noch der ursprüngliche Poclain-Schriftzug zu sehen war. Ein neuer Mobilbagger 688, nicht mehr im vertrauten rot-weiß von Poclain, sondern im neuen braun-gelben Case-Gewand, übernahm die Rolle des Weihnachtsmannes und brachte einen ganzen Löffel voller Geschenke zur Bescherung

Stets wurde die Rolle der Volvo-Radlader als echte „Allrounder" gerühmt, und so waren gleich 11 der schwedischen Radlader (wer zählt nach?) auf dieser Karte fleißig, um in diesem Städtchen den Schnee zu räumen und dem Weihnachtsmann freie Bahn zu schaffen. Typisch sicherheitsbewußt zeigt sich der Schnee schaufelnde Skandinavier auf dem Hausdach unten rechts, ist er doch angeseilt

maschinen nur vermuten lassen. Auch das macht die Karten interessant, handelt es sich doch dann um baumaschinennahe Bilderrätsel und weihnachtlich eingebettete Witzbilder, die in unserer etwas respektlosen Zeit bis zum „Schwarzen Humor" reichen.

Unser Überblick zeigt Baumaschinen-Weihnachtskarten aus den letzten 25 Jahren, also einem Vierteljahrhundert. Die Karten sind in der Reihenfolge in erster Linie zeitlich, aber auch hinsichtlich abwechslungsreicher und ähnlicher Motive sortiert.

Dabei zeigt sich übrigens, daß der Weihnachtsmann in unserer Zeit mit den Geschenkmassen kaum noch fertig wird. Um den Anforderungen des Massenkonsums standhalten zu können, muß er schon oft Schlitten und Rentiere durch leistungsfähige Baumaschinen ersetzen. Wir werden auf einigen Karten sogar ersehen können, ob ihm das gefällt...

Während die Hubarbeitsbühne auf dem Lkw-Chassis noch recht vertraut wirkt, scheint es sich bei dem eigentümlichen Turmkran auf Raupenfahrwerk mit Dieselantrieb und zwei Bedienern um eine Weihnachts-Sonderkonstruktion zu handeln

Solch eine Werbung wird dem Weihnachtsmann gerne verziehen! Trotz der Hektik vor den Festtagen nahm er sich viel Zeit, um ohne jede Baumaschine in mühsamer Handarbeit ein weltbekanntes Firmenzeichen aus dem Schnee zu formen. So bewies der englische Hersteller auf seiner Weihnachtskarte 1992, daß Briten weltmännischen Stil haben, auch "Father Christmas"

Moderne Methoden wählte der Weihnachtsmann, als er auf der Karte der schwedischen Åkermans Verkstad AB in einem schneetüchtigen Mobilbagger die Geschenke auslieferte. Augenscheinlich bereitet ihm das Baggerfahren viel Freude! Der weiße Schneehase unten rechts staunt, welchen Rentier-Ersatz der Weihnachtsmann gefunden hat

Da staunt der Weihnachtsmann, und der Schneemann wundert sich: Was kam denn da soeben durch den Wald gebrummmt? Als Fachleute sehen wir sofort, daß es mit großer Wahrscheinlichkeit ein brandneuer Sennebogen-Raupenkran war. Den Weihnachtsmann scheint der nächtliche Waldeinsatz nicht zu stören. Wohin wollte der Kran wohl? Wir werden es später sehen...

Beim deutschen Baumaschinenhändler Faßbender, Siepmann & Co. wurde schon früh erkannt, mit welchen Geschenkmassen sich der Weihnachtsmann in der Konsumgesellschaft abmühen muß. Deshalb stiftete man ihm einen Radlader, der das Verladen der Geschenke doch erheblich beschleunigte (Parfümflakons und chinesische Vasen ausgenommen)

Was mußte der Weihnachtsmann schufften! Mit Hacke, Schaufel und Tragkübel mühte er sich ab - bis ihm O&K-Bagger, -Radlader und -Muldenkipper die Arbeit erleichterten. Bediente er die Maschinen nacheinander, oder gibt es doch mehrere Weihnachtsmänner? Und: Wozu braucht der Weihnachtsmann dermaßen viele Steine? Reichten seine Geldmittel nicht, so daß er im Steinbruch „jobben" mußte? Das wird wohl ein Geheimnis von O&K bleiben!

Auch die Karte von Mannesmann Demag wies darauf hin, daß es mehrere Weihnachtsmänner gibt, zumindest in blauer Kluft. Sie hatten es gut, durften sie doch vor der Bescherung die neusten Modelle begutachten. Tatsächlich erschien in jenem Jahr das NZG-Modell des weltgrößten Hydraulikbaggers im Maßstab 1:50, des Demag H 485 mit Klappschaufel, über das sich der liegende Weihnachtsmann sichtlich freut!

Schlicht gestaltete Komatsu den Tannenbaum auf der Weihnachtskarte, wurden doch einfach kleine Baumaschinengraphiken an den Baum "gehängt". Was wohl in den beiden Geschenkkartons unter dem Tannenbaum gewesen sein könnte? Modelle, Jacken, Mützen - oder gar Ersatzteile?

Welch nette Geste von Case Poclain: Ein Raupenbagger 1488 hat eine lange Fahrt aus dem Dorf angetreten und bringt dem Wild im tief verschneiten Winterwald eine dicke Ladung Heu. Zumindest für die Rehe ist der Festschmaus gesichert! So fürsorglich war hier nicht einmal der Weihnachtsmann, sondern ein freundlich grinsender Baggerführer!

Weihnachtskugeln mit strahlenden Baumaschinen! So schön schmückten Case Poclain und Case Vibromax ihre ausfaltbare Tannenbaum-Weihnachtskarte. Heute erinnern sich nur noch Insider an die Poclain-Bagger und Vibromax-Walzen im Case-Programm, die damals sogar Grußkarten für Geschäftsfreunde zieren durften...

Mehrere Weihnachtsmänner auch bei Kaeble! Ähnlich wie bei der Karte von Faßbender, Siepmann & Co. nutzten sie einen schweren Radlader zum zügigen Verladen der Geschenkfluten. Doch die Bedienung fällt recht schwer, denn dem Weihnachtsmann im Kaelble-Radlader Sl 26 ist schon ein Geschenk daneben gefallen. Hoffentlich wurde es bemerkt, denn sonst gab's irgendwo zur Bescherung Tränen

Wehe, ein Elch wird an die Bedienhebel gelassen! Die Redaktion einer englischen Kranfachzeitschrift bestätigte so, was unter dem typisch schwarzen Humor der Briten zu verstehen ist... Ob sich der Elch womöglich am Weihnachtsmann rächt, weil er beim Geschenkeaustragen nun dank leistungsfähiger Baumaschinen so oft zu Tatenlosigkeit verdammt ist?

Weihnachtskartengestalter von O&K deckten auf, wie der Weihnachtsmann dank moderner Technik entlastet wird: Der Mobilbagger „schultert“ den prall gefüllten Sack mit Geschenken, der Schlitten wird einfach gezogen, und die Rentiere werden in den (ziemlich großen) Tieflöffel gestopft. Aber wie schon die englische Krankarte zeigte: Recht glücklich sehen die Rentiere nicht aus...

Schlicht, aber ergreifend zeigte sich dieser Raupenbagger des österreichischen Takeuchi-Händlers Huppenkothen Baumaschinen aus Lauterach. Ob die Bagger während der Festtage serienmäßig mit solch einer schönen Mütze ausgestattet wurden, ist nicht bekannt. Möglicherweise war dies ein persönliches Baggerexemplar für den Weihnachtsmann

Nostalgisch kam der Weihnachtsmann auf dieser Karte des deutschen Caterpillar-Exklusivpartners Zeppelin Baumaschinen angetuckert. Mit frappierender Detailtreue war eine uralte Cat D 2 nachgebildet, die einen gemütlich lächelnden Weihnachtsmann sicher durch den Winterwald bringt und sich mit dem Planierschild den Weg durch den Schnee bahnt

Ganz neue Methoden beim Verteilen der Geschenke entdeckte der Weihnachtsmann mit einem neuen Atlas-Teleskopstapler der F. Weyhausen GmbH aus Wildeshausen. Das ersparte das Klettern auf Dächer und Absteigen durch Schornsteine und Kamine! Für dieses Motiv verließ der Weihnachtsmann sogar für ein paar Minuten das Fahrerhaus

Erneut half eine Maschine von Sennebogen dem Weihnachtsmann, hier nun vor den Toren der Stadt beim Aufstellen des großen Tannenbaumes. Da die Turmuhr erst kurz nach 6 Uhr zeigt, ist fraglich, was die größere Sensation war - der echte Weihnachtsmann oder der grüne Umschlagbagger mit seiner hochgefahrenen Kabine und dem langen Ausleger?

Daß Sennebogen-Krane aller Art dem Weihnachtsmann gerne helfen, hat inzwischen schon Tradition: Ein Umschlagkran Typ 6120 mit vierachsigem Mobilunterwagen und weit hochfahrbarer Kabine hilft beim Entladen von Tannenbäumen. Der Weihnachtsmann wartet schon, die Geschenke aus seinem Schlitten unter die ersten Bäume legen zu können

Der amerikanische Lkw-Hersteller Mack Trucks zeigte das Aufstellen eines großen Tannenbaumes auf einer nostalgischen Karte realistischer (deshalb ist leider auch kein Weihnachtsmann zu finden - oder hat er sich als der freundliche ältere Herr ganz links getarnt !?). Hilfreich ist hier ein P&H-Dampfkran mit rauchendem Schornstein

Manche Maschinen, die der Weihnachtsmann nutzt, wirken ziemlich altertümlich: Ein Kalender des schwedischen Baumaschinen-Vereins zeigt den "Jultomten", den Weihnachtsmann, an Steuer und Stellrädern eines 6 t schweren Bitvargen-Graders von 1932 mit 22-PS-Fordson-Motor. Demnach scheint der Weihnachtsmann seine Maschinen sorgsam zu hegen und pflegen - wie nicht anders zu erwarten, denn seine Rentiere blieben ihm ja auch treu!

Wir erinnern uns an den Raupenkran von Sennebogen, der eilends in einen verschneiten Wald fuhr? Pünktlich zur Jahrtausendwende lieferte Sennebogen die Lösung. Es zeigte sich, daß der Kran wie in jedem Jahr beim Umladen der Geschenke benötigt wurde. Auch hier bestätigte sich wieder, in welchem Maße sich der Weihnachtsmann auf die Leistung moderner High-Tech-Baumaschinen verläßt

Weitere Bücher unseres Verlages

Fordern Sie unser Gesamtverzeichnis an mit Büchern über **Autos**, **Motorräder**, **Lastwagen**, **Traktoren**, **Feuerwehrfahrzeuge**, **Baumaschinen** und **Lokomotiven**:

Verlag Podszun Motorbücher GmbH
Elisabethstraße 23-25, 59929 Brilon
Telefon 02961-53213, Fax 02961-9639900
Email info@podszun-verlag.de
www.podszun-verlag.de

80 Jahre lang entstanden bei der Weserhütte in Bad Oeynhausen beeindruckende Bagger aller Art. Vom ersten Hochlöffelbagger auf Schienen über die legendären Universalbagger der Nachkriegszeit bis zu den außergewöhnlichsten Hydraulikbaggern dokumentieren die Autoren die Geschichte aller Weserhütte-Bagger.

176 Seiten
415 Abbildungen
28 x 21 cm
fester Einband
Bestellnummer **350**
EUR **29,90**

Die komplette Baumaschinengeschichte dieses populären schwedischen Herstellers mit faszinierenden Abbildungen, die zum Teil erstmals veröffentlicht werden

160 Seiten
350 Abbildungen
28 x 21 cm
fester Einband
Bestellnummer **330**
EUR **29,90**

Die legendären Seilbagger von O&K anhand von 32 seltenen Original-Prospekten.

144 Seiten, viele Abbildungen
28 x 21 cm, fester Einband
Bestellnummer **273** EUR **19,90**

Die legendären O&K Hydraulikbagger in Original-Prospekten mit allen techischen Daten.

144 Seiten, viele Abbildungen
28 x 21 cm, fester Einband
Bestellnummer **286** EUR **19,90**

35 Originalprospekte mit unzähligen Abbildungen, techn. Daten und Einsatzbeispielen.

144 Seiten, viele Abbildungen
28 x 21 cm, fester Einband
Bestellnummer **277** EUR **19,90**

Umfangreiche Dokumentation aller Demag-Bagger mit vielen unveröffentlichten Bildern.

144 Seiten, 290 Abbildungen
28 x 21 cm, fester Einband
Bestellnummer **291** EUR **19,90**

Die große O&K Chronik mit allen Baumaschinen, Traktoren und Lokomotiven. Sowohl Bildband als auch Nachschlagewerk dieser erfolgreichen und traditionellen Marke.

278 Seiten
698 Abbildungen
28 x 21 cm
fester Einband
Bestellnummer **281**
EUR **39,90**

Pontonbagger, Trolley Muldenkipper, Klönne AK 400, Großbaustellen u.a.

144 Seiten, 290 Abb.
17x24 cm, Leinenbroschur
Bestellnummer **268** EUR **14,90**

Secmafer Muldenkipper, Hatra-Baumaschinen, O&K, Menck, SuperFront u.a.

144 Seiten, 281 Abb.
17x24 cm, Leinenbroschur
Bestellnummer **305** EUR **14,90**

Marion, Hydrauikbagger, Priestman, Tagebaugroßgeräte, Schürfraupen u.a.

144 Seiten, 288 Abb.
17x24 cm, Leinenbroschur
Bestellnummer **336** EUR **14,90**

Ruston-Bucyrus, Poclain-Hyraulikkbagger Großkrane, 50 Jahre Bauma, u.a.

144 Seiten, 281 Abb.
17x24 cm, Leinenbroschur
Bestellnummer **365** EUR **14,90**

Das D9 Buch mit allen Daten, Typen, Zeichnungen und vielen unveröffentlichten Bildern.

200 Seiten, 380 Abbildungen
28 x 21 cm, fester Einband
Bestellnummer **290** EUR **34,90**

Die komplette Lastwagengeschichte von Magirus in Wort und Bild und mit allen Daten

270 Seiten, 700 Abbildungen
28 x 21 cm, fester Einband
Bestellnummer **388** EUR **44,90**

Der Unimog leistet auf Baustellen seit einem halben Jahrhundert unschätzbare Dienste. Von ihm haben viele Baumaschinenhersteller gelernt. Mit informativen Texten und vielen seltenen Abbildungen werden der Unimog im Baueinsatz und seine Ausrüstungen von damals bis heute beschrieben.

180 Seiten
470 Abbildungen
28 x 21 cm
fester Einband
Bestellnummer **390**
EUR **29,90**

Pflug- und Bandlader, Erdfräsen, Elevating Grader, Becherwerkslader, Surface Miner u.a.

160 Seiten, 425 Abbildungen
28 x 21 cm, fester Einband
Bestellnummer **358** EUR **24,90**

Umfassende Chronik aller deutschen Bagger von Alfawerk bis Zeppelin.

240 Seiten, 600 Abbildungen
28 x 21 cm, fester Einband
Bestellnummer **282** EUR **29,90**

Arbeitsschritte des Tagebaus und die jeweiligen Großgeräte und Baumaschinen.

208 Seiten, 510 Abbildungen
28 x 21 cm, fester Einband
Bestellnummer **357** EUR **34,90**

Spannende Arbeitsabläufe beim Graben und Beladen mit riesigen Fahrzeugen.

144 Seiten, 276 Abbildungen
28 x 21 cm, fester Einband
Bestellnummer **351** EUR **19,90**

CATERPILLAR
CAT